就農への道

多様な選択と定着への支援

堀口健治
Kenji HORIGUCHI

堀部　篤
Atsushi HORIBE

編著

まえがき

　就農に関心を寄せる人が確実に増えている。各地で開かれる就農フェアへの参加者は多い。しかし、関心をもちながらも就農に踏み切る人の数はそう多くはなく、新規独立就農者の数は増加傾向だが劇的に増えているわけではない。他方で離農し廃業する農家の数は政府の統計調査のたびに大きさが強調され、従事者減少の多さ・参入者の少なさが指摘されているところである。

　本書は、就農する人を親元就農、新規独立就農、雇用就農の3つのタイプに分け、数や特徴、就農の工夫、応援する政策や地域の支援等を説明することで、実際に就農する人、したい人と受け入れる側との間の壁を低くし就農者が増えることを期待するものである。ただ本書は、就農のノウハウを多く載せているが、ハウツー本にするつもりはない。就農者数や傾向をおさえ、その背景を分析し、増加に役立つ政策の導入・強化の重要性を提起して学術的にも政策的にも貢献したい。

　第1章は、統計も使い就農者数の推移を正確に理解するとともに就農支援の仕組みとその効果を分析している。また全国農業会議所が行なった新規就農者の全国アンケートを使い、就農支援の農業次世代人材投資資金の受給者、受給していないが就農した人等の、就農のきっかけや最近の状況、成果等を明らかにしている。

　第2章は親元就農を扱う。新規就農者の中で最大の数を親元就農が占めるが、これへの分析はあまりなされてこなかった。親元就農は家を継ぐ当然の行為とみられ、調査・分析の対象から外されていたことが多かったのである。だが実際は、家業を助け、あるいは継承するにしても、様々な工夫をしているので章として独立させ分析する。実家を応援しつつ、いずれは合体・継承を予定しているが、親の経営とは別の部門新設や新規独立の経営を開業する「親元就農者」も多くいる。また個人事業と法人との違いがあるが、親の経営権をどのように継承するのが望ましいのか、事例をみながらの分析もなされる。

　さらには従業員が取締役になり経営全体を継承する事例も出てくるものと思われる。経営者の子弟で後継する者がなく、しかし地域で貢献する農業企業を継続させるためには、廃業ではなく、農場をよく知っていて能力や意欲のある従業員を経営者に引き上げ、経営を任せるケースが出てくることも期待される

のである。

　第3章は新規独立就農の多様な様子を丹念に解析している。新規独立の事例紹介は書籍や雑誌で多くなされているが、多様なタイプがありそれぞれどのような特徴をもっているのか、全体像がわかるように本書では各執筆者がテーマを分担している。自ら農地を集める者から、自治体、農協や法人等を経由して独立する者、さらには第三者移譲等のマッチングで経営継承により参入する等、いろいろである。

　第4章は、新規就農者としてあまり分析の対象になっていなかった雇用就農者を扱う。雇用者を多く必要とする大規模経営が増えていること、それもパートタイマーではなく年間雇用・正社員としての採用等へ求人の重点がシフトしている現在の状況を反映している。さらに農業に関わる仕事を求める若い人が、新規独立就農ではなく、企業に雇われるという選択に関心を示している。大学等で学ぶ非農家出身者に多いが、他産業と同じレベルの雇用条件や社会保険等を約束する農業企業を、自分に向いた就職先として選択する若者たちである。

　なお雇用就農で技能実習生を主とする外国人が2015年では農業年雇いの1割強と重みを増してきており、本書はその数と実状も紹介、分析している。また雇う側にも分析の目を向け、雇用就農者の定着や意欲の引き出しなど、工夫する経営者の対応を述べている。日本の農業経営への外国人の入り方は、日本人との組み合わせで進んでいることが特徴である。技能実習生に導入枠があるだけではなく、日本人幹部を含め日本人とのチームで多く作業がなされているからである。外国人の導入は日本人の雇用を排除するのではなく、経営全体の規模等を拡大するのに貢献し、チーム全体を強化するので、日本人の働き先を広げていることも指摘しておきたい。

　このように多様な選択肢がある就農の道を本書は正確に紹介し、就農の動きをさらに強めることに貢献すべく編集されている。また就農後の展開も、継承の仕方、経営の拡大、雇用者への対応など幅広く紹介し、分析対象も事例の動きから国や自治体の政策までカバーすることで、実践的にも学術的にも本書が日本農業と社会の発展に役立つことを願っている。

2019年4月

堀口健治

目次

まえがき ——————————————————————— i

第1章　就農の状況と仕組み ——————————————— 7

1　近年の就農の動向と支援の仕組み　8
　（1）就農者の推移と特徴——雇用就農の増加等による内容変化を伴って　8
　（2）支援の仕組みと就農者の特徴　18

2　新規独立就農者と親元就農者の実際と特徴
　　——「新規就農者の就農実態に関する調査結果（平成28年度）」から　26
　（1）「新規就農者の就農実態に関する調査」の概要と本節の課題　26
　（2）新規独立就農者および親元就農者の定義とボリューム　27
　（3）就農時の農地の経営面積、借入面積　31
　（4）現在の経営面積　32
　（5）就農時の費用と資金確保の内容（新規独立就農者）　33
　（6）販売先　35
　（7）現在の販売金額　36
　（8）現在の農業所得　37
　（9）経営資源の確保で苦労したこと　39
　（10）公的機関による支援措置の利用状況（新規独立就農者）　40
　（11）経営面と生活面の問題・課題　42
　（12）まとめ　43

第2章　親元就農の多様さ——実状と課題 ———————————— 45

1　親元就農にみる多様な継承　46
　（1）新規自営農業就農者の多様な事例——現役社会人からの転職および定年帰農　46
　（2）日本農業経営大学校を卒業した若者の実践例　48

(3) 新潟県津南町で4年目の野菜部門に取り組む村山周平さん
　　　　——稲作専業経営の後継者　49
　　(4) 熊本県大津町「蔵出しベニーモ」1戸1法人を兄弟で支える中瀬健二さん
　　　　——自己の新規独立経営のニンニク・干し芋に取り組みながら　51
　　(5) 仙台市内で露地野菜とササニシキの栽培に取り組む相原美穂さん
　　　　——農業をベースとしたコミュニケーションの場づくりを目指す　52
　　(6) 親の経営の応援や早期に継承を行なう事例　54
　　(7) 自治体独自の就農支援策による親元就農・定年帰農の事例　54
　　(8) 第三者による農業企業の継承　57
　2　経営継承の実態と課題　59
　　(1) 農業における経営継承対策の意義　59
　　(2) 大規模水田作家族経営における継承対策　60
　　(3) 非農家子弟を多く雇用する組織法人経営における継承対策　65
　　(4) 有志型組織法人経営における経営継承過程　68
　　(5) おわりに　73

第3章　新規独立就農の多様なあり方と支援の仕組み ── 75

　1　多様な新規独立就農と支える組織　76
　　(1) 新規独立就農支援の現状　76
　　(2) JAそお鹿児島ピーマン専門部会の新規就農支援の取組み　78
　　(3) 新規就農支援に向けて：受け入れ体制の整備　84
　　(4) 地域農業の多様な担い手と多様な新規就農者　89
　　(5) 今後の課題：広い農地や膨大な初期投資が必要な水田・畜産での新規就農支援　92
　2　農地手当てにみる自力型および支援機関依存型の事例と経営展開　94
　　(1) 新規参入者にとっての農地取得の課題とその重み　94
　　(2) 農地を自ら手当てした自力型の事例
　　　　——兵庫県豊岡市の市街地出身である鎌田頼一さん（就農時26歳）　97
　　(3) 孫ターンの大阪市内出身・有機農業にこだわる荒木健太郎さん（就農時30歳）　100
　　(4) 研修受け入れ先の指導農業士の役割とそこから巣立った新規独立経営　103

(5) 雇用就農をステップに独立する新規就農者　108

3　行政およびJAによる就農支援
　　――長野県新規就農里親制度とJA出資法人　111
　　(1) はじめに　111
　　(2) 新規就農者の動向　112
　　(3) 就農相談活動と短期研修　114
　　(4) 新規就農里親制度による就農支援　116
　　(5) 樹園地継承支援　124
　　(6) おわりに　128

4　第三者継承による新規独立就農の特徴と実際　129
　　(1) はじめに　129
　　(2) 新規独立就農としての第三者継承の特徴　130
　　(3) 第三者継承の実際　131
　　(4) 第三者継承による就農事例と事業展開――(株)情熱カンパニーの取組み　134
　　(5) 第三者継承の支援と今後の課題　139

第4章　雇用就農の実際と就農者の期待　143

1　農の雇用事業の成果と人材定着に向けた課題　144
　　(1) 農業雇用者の増大と労働市場　144
　　(2) 農の雇用事業による新規雇用の促進　146
　　(3) 農の雇用事業の採択要件の変化と各期別の特徴　146
　　(4) 農の雇用事業の実施を通じた労働条件・就業環境の整備　150
　　(5) 定着の状況　155
　　(6) 人材の定着に向けて　158

2　若年層女性従業員を対象とした雇用就農者の特徴と課題　160
　　(1) はじめに　160
　　(2) 農業法人における人的資源管理の研究　161
　　(3) 農業法人における従業員の育成方策の類型化　162
　　(4) 雇用型農業法人における女性従業員への人材育成方策の実態　163
　　(5) 雇用型農業法人における若年層女性従業員の特徴と人材育成施策　172

3　先進農業法人にみる雇用定着への工夫　175
　　（1）経営理念の共有　175
　　（2）やりがい・達成感のある仕事　175
　　（3）チームワークの重視　177
　　（4）役職が育む責任感　178
　　（5）経営の大規模化・多角化と経営管理体制づくり　180
　　（6）情報共有とコミュニケーション　181
　　（7）労働環境の整備・労働条件の改善　183
　　（8）"人材"を育てる研修　185
　　（9）従業員一人ひとりと向き合い経営判断のできる人材を育てる　186

あとがき────────────────────────────189
編著者および著者と執筆分担──────────────────192

第1章 就農の状況と仕組み

1　近年の就農の動向と支援の仕組み

(1) 就農者の推移と特徴
――雇用就農の増加等による内容変化を伴って

就農形態別にみた新規就農者の数

　農水省『新規就農者調査』は、その年に就農した新規就農者について、2014年5万8000人、15年6万5000人、16年6万人、17年5万6000人と、07年の7万3000人以降、最近は約6万人のところでとどまっているものの、この3年間はやや減少ぎみであることを示している。そしてこのうちの49歳以下は、14年以降2万2000人、2万3000人、2万2000人、2万1000人と4年連続で2万人を超えているものの、この3年間はやや微減傾向にある。

　しかし内容には変化があり、雇用による農業への参入が急速に増えていること、農業次世代人材投資事業（旧青年就農給付金）が経営としての新規参入に大きく貢献し、さらに親元就農も強くプッシュしていることが確認できる。農の雇用事業も雇用就農者の増加に役立っている。

　これらの動きを捉えるため、就農者の動向を就農形態別に検討しよう。

　新規就農者は、就農形態別に、新規自営農業就農者、新規雇用就農者、新規参入者の3つで構成されている。新規自営農業就農者数は、農林業センサスで把握した農業経営体のうちの家族経営体を対象として抽出し、また農業構造動態調査も共用して、計測されている。新規雇用就農者数は、農業経営体のうちの組織経営体、家族経営における1戸1法人ならびに農業構造動態調査で把握した新設組織経営体を対象として抽出し、計測している。そのため個人事業主が新規に人を雇用した場合は捕捉されていないように思われる。新規参入者は各自治体の農業委員会からの報告による。なお対象は、既存の非農業企業の農業参入や新設組織経営体の参入ではなく、個人事業主の家族経営体による参入であり、多くは1人ないし夫婦の新規独立就農者数を把握しているとみられる。

　就農形態別新規就農者数のうちで最大は依然として新規自営農業就農者（2017年4万2000人）であるが、この3年間は減少傾向にみえる。この中の49歳以下（17年1万人）もこの3年は微減傾向を示している。ただ新規就農

者数に占める割合をみると、新規自営農業就農者数は 2000 年代 8 割を占めていたが最近は 7 割台に落ちてきている。これに対して 49 歳以下の新規自営農業就農者数は 2000 年代も 2010 年代も新規就農者数の 2 割を維持している。比率として若手が相対的に増え全体に占める割合が保たれているのである。

　新規自営農業就農者は、家族経営の世帯員で、調査期日前 1 年間の生活の主な状態が「他に雇われて勤務が主」ないし「学生」から「自営農業への従事が主」になった者を指す。なお「他に雇われて勤務が主」は、農業以外に勤務、だけではなく、農業法人等に勤務、も含まれていることに注意しておきたい。

　いわゆる親元就農と呼ばれるこの新規自営農業就農者は、定年就農が多いとみられがちだが、社会人の途中から早めに自営農業に戻ったり、自営農業を強くするために他の先進的な農業法人に雇用され学んだうえで実家に戻るなど、積極的に自営農業に取り組む人も多く含まれる。そうした要素が強いとみられる 30 歳代以下は 5000 人もおり、定年就農だけではないのである。なお学生からの就農は 1500 人でありこれは低い水準にとどまっている。

　新規雇用就農者（2017 年 1 万 1000 人）は数のうえで 2 番目の位置にあり、14 年までは 7000 人台であったものの、その後の 3 年間は 1 万人台の水準に達している。急激な増加である。そしてこの新規雇用就農者は、調査期日前 1 年間に新たに法人等に常雇い（年間 7 カ月以上）されることにより、農業に従事することとなった者を指している。最近の構造変動の主になっている大型農業経営の増加が雇用者数の増加となっているのであろう。

　なお外国人研修生および外国人技能実習生ならびに雇用される直前の就業状態が農業従事者であった場合を除くとしている。雇用直前の状態が自営農業および農業法人等で雇われて農業従事者であった日本人を新規雇用就農者数として数えないだけではなく（なお農業法人等に雇われていて自営農業が主となった世帯員は新規自営農業就農者として数えている）、大きな問題は雇用契約を農家や農業法人と結び農業で研修しつつ雇われて働く外国人技能実習生を数えていないことである。就農という形での農業労働力の参入を正確におさえるためには、技能実習生を数えておくべきである。「法務省データ」によると 2016 年の農業関係職種に従事し技能実習 2 号（1 年目である 1 号の技能実習生は 2 年目以降の 2 号に移行するために試験をパスすることが必要：なお申請者の大半はパスしている）への移行者数は 8800 人と報告されているが（この数が 3

年間は雇用されているとみられるので、ほぼ農業での技能実習生総数はその3倍の2万6400人と推測される)、この16年は前年の移行者数と比べると1000人だけ多い。1000人は新たに加わった技能実習生の増加分であり16年の新規雇用就農者の中に加えられるべきなのである。この人数は、日本人だけの16年新規雇用就農者の同一世代にあたる20代3200人の3分の1の大きさになっている。

そして新規参入者（新規独立就農者と同じであり17年3600人）はこの3年間3500人前後のレベルが維持されている。青年就農給付金制度が導入された2012年以降、それまでの2000人弱から3000人へと急速に増え、今では3500人前後の参入傾向が保たれているのである。新規参入者は、調査期日前1年間に、土地や資金を独自に調達（相続・贈与等により親の農地を譲り受けた場合を除く）し、新たに農業経営を開始した経営の責任者および共同経営者を指している。青年就農給付金の役割がきわめて大きいのである。

以下ではこの3つの就農タイプをそれぞれ検討したい。

親元就農の大きさの確認
――継承を早めに進める層から定年帰農の層までの多様な新規自営農業就農者

すでに述べたように、2017年の新規就農者の全体は5万6000人だが、そのうちの最大は新規自営農業就農者（4万2000人）であり、親元に戻り自営農業を継続する者が最も多い傾向は従来と変わりない。

そしてその中の新規学卒就農者は1500人と少なく、新規自営農業就農者は他の仕事を経て実家に戻る人たちが大半である。年齢別にみると、新規自営農業就農者4万2000人の中で65歳以上が1万5000人と大きいが、他方、49歳以下は1万人、そのうちの30〜39歳は3000人、29歳以下は3000人となっていて、実家の農業に他の仕事から転職して戻る若い層の人数もそれなりの大きさになっている。のちに見るように45歳以下には青年就農給付金のバックアップも効いていると思われる。青年就農給付金は、早めの経営継承の促進だけではなく、部門新設や新規独立で後継者が自分自身の経営をもつ事例も多く生み出している。自らリスクを取って経営者になり経営者としての工夫を早めにしようとしているのである。両親の年齢がまだ若く経営権の継承に至るまでの間に、親の経営を助けつつも自らの経営を展開する各種の事例を、第2章第

1節で紹介している。

　もっとも、50歳以上で自営農業に戻る人の数（3万1000人）は若い層と比べかなり多い。17年の50～59歳の新規自営農業就業者7000人、60～64歳1万人、65歳以上1万5000人と数がぐっと増える。定年帰農や定年に近い時期に実家に戻る人は格段に多いのである。ただし今のシニア層は定年以降も知力・体力があり、農業に慣れれば地域での重要な担い手として期待されるという現実がある。とくに中山間地域では集落営農の主たる担い手になっており、農文協編の『事例に学ぶこれからの集落営農』（2017年）、『むらの困りごと解決隊』（2018年）にはそのような例が多く紹介されている。

　また農業への従事はその後の健康の保持に大きく影響していることが実証され、農業従事への見直しが人々の関心になっている。堀口・弦間によれば、75歳以上の後期高齢者で農業に従事している人の医療費は他の後期高齢者の医療費と比べ3割も低く、健康な人が農業者に多いことが統計的に実証されている。

　このような状況だが、定年帰農への国の支援は弱い。青年就農給付金の対象は45歳未満（なお、2019年以降からは50歳未満に変更）だし、技術習得や資金確保支援の点でも目立った策はない。自家農業なのでそのまま引き継げばよいとの考えなのであろう。帰農する人たちがリスクを取り新たな経営に立ち向かう姿勢に対して政策支援の対象にしていないのは残念である。この点、地方自治体の中にはこれに気がつき、就農支援の対象に高齢者を含む政策に改めているところが出はじめ、研修の応援や青年就農給付金のレベルを下回るが就農時の所得支援を行なっている府県や市町村がある。この詳細な情報は『平成29年度自治体等による新規就農者支援情報・全国版』としてまとめられている。確実で早期の定年帰農者の数を増大させることの積極的意義を強調しておきたい。

新たな地平を開きつつある非農家出身の雇用就農者増
――親元就農への学卒者（1500人）を上回る雇用就農者の学卒者（1900人・うち非農家出身が1600人）

　新規雇用就農者の増加は顕著で2017年には1万1000人となっている。この増加の主たるものは非農家出身者（農家出身1800人に対して非農家出身はその5倍弱の8700人）であり、非農家出身が農業に関心を強めていることに注

目したい。

　増える背景に農業の求人がパート主から通年雇用へという変化がある。他方、企業に雇われて農業を一生の仕事にしたいとする若者が増えている。最近の農業企業は社会保険に加入し退職金制度も取り入れ、特別に高い賃金ではないが休日等はしっかり設けるところが出てきている。そうした変化のうえで、やりがいのある仕事、自分に向いた仕事として若者が就職先として農業を積極的に選択するようになってきているのである。農業での大型経営の増加傾向は、積極的な若者の応募で支えられているといってもよいのである。

　例をあげれば、農業企業大手の（株）イオンアグリ創造には正社員募集に100倍を超えるエントリーシートが毎年きている。年単位の変形労働時間制なので農繁期は朝6時から割増賃金なしの10時間労働が続くが、その分、年間労働総時間2000時間のもと、有給休暇以外に20日間の特別休暇が農閑期に取れる。また直営農場が全国に増えているので若くして農場長等の責任ある仕事を任される。若者の考えや期待に向いているから就職希望者が多いのである。

　エントリーシートを出している数千人の大半は都会の非農家出身で大卒予定者であり、我々が伝統的に考えていた就農期待者の中に入っていない層である。大手スーパーの子会社だから応募者が多いと片づける人が多いが、筆者はそれだけではないと考える。イオンアグリという会社の存続を信頼していることは大きいが、一生、この会社で農業に従事することを積極的に思考する若者がこれほどの数になっているのは、有給休暇以外に農閑期に特別休暇20日等といった現代の若者に評価される労働条件の提示にある。

　なお労働基準法フル適用の下での年単位の変形労働時間制は、小規模な雇用型経営も導入し始めている。毎月従業員のカレンダーを労働基準監督署に出すのは大変だが、80a施設トマトの滋賀県にある浅小井農園は、子どもがいる5人の女性社員を雇用していて、この年単位変形労働時間制で夏期にまとめて休日が取れるので好評である。

　昇給や昇格、社会保険、退職金等の、他の企業では当たり前の制度を会社が整えていることが大事である。それを前提にしたうえで農業という仕事に就きたい若者が多い。そうした若者を多くの農業企業、農業法人がまだ受け止めることができていないのは惜しい。他産業のように家族持ちで生涯働ける仕組みを農業企業、農業法人は整えるべきである。それは高額な賃金を用意すること

ではなく、当たり前の社会保険制度で、退職金も中小企業が参加する仕組みでよい。仕組みとして農業企業も他の中小企業と同様の制度に参加していることが大事でありそれを強調すべきなのである。長く勤めてもらいたいと希望し、途中転職を防ぎたいならば、パートタイマーと実質同じ扱いでは長期勤続の雇用者を農業企業は把握できない。

そして正社員として途中辞めることのない通年雇用者を採用したいとする雇用規模の大きい農業経営では、雇用の仕方が急速に他産業の企業と同様の方法に移りつつあり、それがコストアップにもつながっていることも指摘しておきたい。地縁や血縁、地域でのローカル市場で通年雇用者を選ぶことが急速に難しくなってきている。

北海道湧別町で850頭規模の酪農経営を営む（株）グランドワンファームは社員数26人だが、まず正社員募集を大手ナビに新卒募集として出す。そしてエントリーシートを見ながら最終面接までに絞っていくが、最後の選考として、候補者を本社と農場がある湧別町に呼び2泊3日のインターンシップで採用者を決める。この旅費はグランドワンファームが全額負担する。ここで適切な人を最終決定するがこの内定を断る人も出てくるので、人事選考コストは最終的に採用できた人の1人当たりで100万円はかかるという。そして幹部候補生としてはこの他に農業専門ナビで転職者を採用する。人材紹介業を営む専門ナビでは、慎重なマッチングを経ることで、望ましい人を採用できる可能性が高いのである。しかし紹介料は採用した人の年収の3割ないしそれ以上かかる。

またこの経営ではすでに技能実習生8名（社員数26名に含まれる）を導入しているが、これらの日本人と技能実習生とで3つのチームをつくり、搾乳、保育、飼料づくりの3種を一定の期間ごとにジョブローテーションとして回す。家族経営規模の酪農では技能実習生の多くが搾乳専門の女性だが、ここでは技能実習生は全員男性であった。ジョブローテーションにより熟練を獲得し、牛への観察眼を高め事故率の改善に役立っている。オホーツク海に面した過疎地域でそこに定着する日本人従業員、そして約束した3年間の雇用契約を守る技能実習生との組み合わせは、地域の労働市場が細るなかでの必然の組み合わせなのである。さらに定着のためにいろいろ経営者は工夫しており、少し余計に人数を採用することにより、シフト制で回す酪農であっても、有給休暇等をまとめて取って海外や都会に出られるようにしている。社員の住居の整備

やシェフを雇用した社員食堂など、生活環境にも配慮が行き渡っている。

　これも全国的な傾向だが、パートタイマーも今の農村や狭い地域において地縁・血縁で集めることは難しくなってきて、広い地域をカバーする求人専門雑誌やナビ等への掲載料を払っての募集がハローワークへの依頼と同時に行なわれるようになっている。時には人材紹介業者に年収の2割を払って期間雇用者を依頼したり、給与の3割を乗せて派遣会社に毎月費用を払う派遣労働者に依存する農業経営も出てくる状況になりつつある。

雇用就農者数に加えるべき外国人技能実習生

　今では8800人の技能実習生（法務省データの2016年農業関係職種の2号移行者数）が3年間滞在して同じ農業企業の下で働いているので、16年ではそれぞれ1年次・2年次・3年次として農業で働く実習生総数が約2万6000人いると推測される。1年目の技能実習1号として農業での雇用であったものが、農業の指定職種（耕種と畜産の2職種で施設園芸、畑作・野菜、果樹、養豚、養鶏、酪農の6作業）として2号（2、3年目）に継続採用されるためには、試験を受け移行するので、ここでその移行者数が公表されている。しかし正確にいうと、1年目で帰国する者もおり（長野県の高冷野菜地帯等の7カ月契約や指定職種にない肉牛肥育等の技能実習生）、それを含んだ1年次では8800人よりもっと多いものと推測されている。いずれにしてもこの2万6000人以上の数の技能実習生が、今では毎年、数を増やしながら日本農業を担っているのである。2015年の国勢調査によると農業従事の外国人は2万1000人、同じ15年の農業センサスによると7カ月以上の農業常雇い（雇用契約を結んでいるので外国人技能実習生もここに入るが分けて質問はしていない）は22万人なので、農業の常雇いに占める外国人の割合は10％になる。この国勢調査の農業に従事する外国人の代わりに、16年だが先ほどの2万6000人の数字を使えば、その割合は12％になる。世帯ごとに把握する国勢調査の調査票の回収の仕組みからいうと、単身者として来日する技能実習生は、雇う側の応援がないと世帯主としての調査票書き入れは難しく、どうしても国勢調査から漏れやすい。そのため、国勢調査が捕捉する農業従事の外国人の数は技能実習生から把握する外国人より少ない。なお農業への日系ブラジル人等の就労は少ない。身分の資格で日本に滞在する労働力の日系人は家族も帯同し、都会で製造業に派遣で

働く人が多く、農業従事の外国人は技能実習生が主であるといってよい。

　技能実習生は3年目を終えて帰国する者（技能実習生のビザは1回限り）の数だけを1年生として同数受け入れることで同じ規模を維持することが多かった（1年目に3名を雇用しさらに2年目、3年目にも雇用すれば、3年目に9名になり、それ以降は毎年3名が帰国し、新しく別の3名を雇用）。17年11月からの法改正で条件次第だが5年目まで働けるようになったが、いずれにしろ、その年に8800人の移行者がいればそれがまずカウントされ、翌年からは2年間同じ数が増えていき、4年目からはさらに多くの人が雇われれば8800人を上回る分の数が新規雇用就農者としてカウントされるべき対象になるはずである。指定職種が2職種6作業に限定されているので技能実習生の数は地域的な偏りがみられるが、確実な新規農業労働力の増加である。

　そして技能実習生は単純労働の繰り返しの労働者ではなく、多種の仕事をこなす多能工の役割を期待されている。もともとこの制度の出発点が研修生であったことがその仕組みを継続させている。2010年の法改正により、来日1年目も、従来の研修生という最低賃金の半額強にすぎない位置から、初年度も雇用労働者として労基法に守られる労働者になった。日本の仕組みは on the job training ということで、研修と雇用労働者という二重の位置づけを維持しているのである。だから、技能実習生は単純労働を1人で繰り返しているのではなく、家族経営であれば農業従事の家族員と一緒に、企業であればチームの日本人リーダーと一緒に、多種の仕事を行なっている。外国人だけが一方的に増えるのではなく、日本人との組み合わせで戦力になるのであり熟練も高まる。農業はそうした多種の仕事を研修するのに向いている産業だといってよい。

　来日前に面接で採用された実習生候補者は、まずは半年以上、日本側の負担も受けて日本語を合宿で集中的に勉強することが多い。日本の規律や習慣も学ぶ。そして雇用する日本側の旅費負担で来日し、義務である1カ月の座学を経て雇用契約が発効する。労働力が絶対的に不足する中で技能実習生がそれをうめて農業経営を維持し、彼らとチームを組みながら日本人が経営者としてあるいは指導幹部や同じ仲間として生産を上げる。農業生産を維持・拡大することで、地域での日本人の雇用先の拡大にも貢献している。地域や農業職種に偏りがあるが、外国人がそのくらいの重みになってきていることを認識すべきであ

る。

中山間和牛繁殖に取り組む鳥取県八頭町・澤井知夏さん
──経営課題に取り組む姿勢

　従業員として農業企業で働く非農家出身の女性の事例だが、単に雇われて働くだけではなく、自分の農業の夢を実現するために規模の大きい農場で雇用されることに積極的意義を捉えていることに注意しておきたい。いずれかの時期に新規独立を考えているわけではない。増加する雇用就農者をそうした視角で認識する必要が雇用する経営者にはあると思われる。

　経営の中で昇進することは雇われる者として期待したいことだが、それは彼女のように自らの夢を企業の中で実現することも含んでいるのである。最近の雇用者の増加はそのような志をもった従業員の増加でもあり、ここで紹介するのはそうした事例である。

　千葉県の非農家出身である澤井知夏さんは「価値ある農業」に取り組みたい

図 1-1-1　澤井知夏さん

非農家子弟
千葉・船橋市出身、地元普通高校卒
▼
動機は「『価値ある農業』に取り組みたい」「農業を企業化したい」
▼
1年間の事前農業実習を経て日本農業経営大学校入学（第2期生）
▼
卒業時経営計画のテーマは「雇用就農先の人事戦略（採用・教育・マネジメント）」
▼
鳥取県八頭町に移住し畜産農協グループの東部コントラクターに雇用就農
▼
就農3年目に同じ農協グループの農事組合法人（集落営農組織）へ転籍
▼
現在は酪農・和牛繁殖農家の離農対策を担当し、AI技術を活用した多頭管理による経営モデルを構築中

と、高卒後１年間先進経営の農場で実習し、日本農業経営大学校に入学してきた。自ら新規に農業を起こすとなると価値ある農業に取り組むのに時間がかかると考え、むしろそうしたことが可能な農業企業を探していた。その意味で雇用就農は彼女にとり当然なのである。

インターンシップのときに鳥取県畜産農協「とりちく」の組合長から話を聞く機会があり、ここで自らの夢を実現できると考え就職した。「とりちくグループ」の一つの（株）東部コントラクターにまず採用され、酪農向け飼料米受託生産の同社で彼女はオペレーター兼経理を担当した。京都や県内の生協、そして一般の消費者に向け、グループと連携する集落営農組織の農事組合法人八頭船岡農場からはコメや野菜が供給され、とりちくグループの美歎(みたに)牧場や酪農家からは生産物や加工畜産物が供給される。加工場の残渣等を飼料に、畜糞は堆肥にして農地に戻す、循環型農業を目指すこのグループで彼女は働くことにしたのである。

２年経過した2018年春に彼女は八頭船岡農場に引き抜かれ新たな仕事を任された。酪農や和牛繁殖をやめる県内の農家が多く、これへの対応である。酪農への対処はグループ全体で対応した畜産クラスター事業による大規模酪農経営の創設だが、子牛価格が暴騰しても農家の和牛繁殖が減少することへの対応は残ってしまった。そこで既存の農家に頭数を増やしてもらう和牛繁殖が期待されたのである。すなわちAI技術で多頭管理し、放牧で管理の手間を減らし、放棄地や林間で牛自身によるエサの確保により、採算にのせるプロジェクトを２年間で達成するという課題が澤井さんに与えられたのである。とりちくの前組合長と組んでの実践課題だが、農業全般の分析力や企画力が求められる。そうした仕事を日本農業経営大学校の卒業生に任されたことは校長としてうれしい。同時にそれは彼女の価値ある農業の実現という夢に近づく仕事だといってよい[6]（図1-1-1）。

新規参入者（いわゆる新規独立就農者）の増加の動き

新規参入者は2017年3600人だが、この多くは44歳以下の2400人である。しかもこのうち2100人が「経営の責任者」であり、「共同経営者」は少ない。自分の夢を実現するために農業に参入し、リスク負担を追いながら経営の采配を振るっている者が多いのであろう。

なお49歳以下の人数を時系列でみれば、2011年までは1000人から1200人の範囲にあった。それが12年以降は一気に2000人を超え、14年以降は2700人、それ以降は2000人台の半ばで推移している。これは12年から始まった農水省の政策である「青年就農給付金」（17年以降は今の農業次世代人材投資事業）の政策効果が大きい。この点は次節で述べることとする。

（2）支援の仕組みと就農者の特徴

フランスの青年就農者助成金が果たしている役割と大きな効果

日本がモデルとして導入したフランスのDJA（Dotation Jeune Agriculteur）、すなわち青年就農者助成金の概要と成果を確認しておきたい[7]。

2013年フランスの34歳以下の農業経営者の割合は8.8％とEU平均の5.9％を上回っており（比較のため日本の15年農業センサスをみると販売農家の39歳以下農業経営者数は1％未満。なお販売農家の世帯員で「主に仕事」であり「自営農業が主」の39歳以下の男性は6.4％）、また65歳以上の割合は12.4％とEU平均の30.6％を大きく下回っている（2015年日本の販売農家の「主に仕事・自営農業が主」の65歳以上の男性は64.4％）。若手の農業者の構成比率が高まってきているが、これは共通農業政策に基づくプログラムに加えフランス独自の枠組みで青年就農者支援に取り組んできた成果とみられるのである。

フランス独自の取組みとして1973年に始まったDJAは農業を始める人への直接の財政援助であるが、2013年に合意された新共通農業政策（新CAP）のもとでもさらに拡大され、15年の1人当たり平均年間DJA受給額は約194万円（1万5000ユーロ）となっている。その基本支給額は地域の委員会で決められ、自然条件の厳しい地域ほど給付額は大きく（条件不利地129万～219万円、山岳地194万～387万円）、平野地域は最も少ない（平地103万～155万円）。

助成金は2回にわたって支給され、1回目として助成金の8割が就農1年目に、残りが就農5年目に支給される。最初に大きな金額を支給することで支援が投資的経費に回ることを期待しているといえよう。なお後継者ではない新規就農者、付加価値や雇用を創出する者、有機農産物生産者に対しては基本支給額に10％以上の加算がある。助成の対象者は18～39歳以下で一定の農業教育や研修を修了した者となっている。就農5年後に自立できるような5年間の

事業計画を作成し、最低5年間の就農義務があり、守らない場合は支給額を返還しなければならない。

　2013年では40歳以下で農業経営者に就農した数は1万人、そのうち受給者が6000人（うち家族経営4000人、非農家2000人）、受給していない者が4000人（家族経営が3000人、非農家1000人）、全体として家族経営出身が非農家出身を多く上回って受給していることに注意しておきたい。同時に家族出身者は受給していない者がかなりいることもわかる。

　最近では12年の新規就農者1万3000人（うち39歳以下は65％の8500人）のうち、制度を利用して受給した者が39歳以下の新規就農者の65％（5000人強）にのぼっている。14年のDJAの利用率は対象者の53％であり必ずしも高くはないが、これは必要書類が多く時間がかかること以外に、後継者の場合で所得制限（事業計画の5年後の年間所得が法定最低賃金の年間額の3倍以下であること）を上回るため申請しないケースがあるとみられる。

　なお2015年に公表されたEU 28カ国の40歳未満の2000人を超える就農者インタビューでは、彼らにとっての経営課題（複数回答）は農地購入61％、農地借入57％、補助金38％、資金確保33％、質の高い労働力33％となっているが、これを踏まえるならば、フランス独自の支援として農村土地整備公社（SAFER）による農地手当てへの支援が青年就農者の抱える問題への対応として効果的であることも強調されてよい。農地の先買い権を有する公社は1960年に創設され、2014年では売却農地の38％が新規就農者（近年就農した者の規模拡大分も含む）向けであるように、青年就農者に優先的に農地を売り渡すことで効果を上げている。銀行と連携し、新規就農者が資金を準備できる前に代わりに農地を購入し、新規就農者が資金調達できるまでその農地を管理するなどしているのである。こうしたことにより、これらの支援を利用した新規就農者の9割以上は10年以上継続して営農しており、農業経営の確立に有効な政策だと評価されているのである。

　フランスの2013年での職業的農業経営体に占める労働人口は73万人、このうち経営者・共同経営者は47万人となっている。これに対して同年の新規就農は1万人、そのうちの受給者は6000人となっている。これに対して日本は、2015年の販売農家の農業経営者が133万人、この年の新規就農者は、新規自営農業就農者5万1000人（うち49歳以下は1万3000人）と新規参入者4000

人（うち49歳以下3000人）、これに対してこの年の経営開始型農業次世代人材投資資金の新規受給者は2600人である。経営者数として日本はフランスの3倍弱の多さだが受給者は半分以下にとどまっている。しかも日本の年齢構成からいえば、受給者数の格段の増加で新規就農者数をより多く確保しないと、後継の経営者を欠く経営体が続出することになる。現にその方向が強まっていることが憂慮される。

なおフランスは家族経営者の受給が多いのは親元就農を広く助成金の対象にしているからであり、この方向を日本も取り入れることが考えられる。まだ経営の継承が話題にはならない比較的若い親の経営に家族員の一員として親元就農する場合も、実質的な経営者になる準備として、親の経営に対して規模拡大を含め革新する費用に助成金を充てるなど、考え方として助成対象を広める考えはどうであろうか。労働力に一員として加わるだけではなく、若手が家族経営に加わることで既存経営の革新につながることを条件づける方式である。助成を受けるためには、経営の5年以内の継承や、親とは異なる作目の部門新設、親と異なる新規独立経営等を、後継者に条件づける今のやり方だけではなく、家族員に戻る場合もリスクを認めながら既存経営の改革を条件づければよいのである。

農業次世代人材投資資金の画期的な意義とその効果

図1-1-2はこの政策の目標を説明する際に農水省が使った資料である。先行するフランスの成功した政策を日本でも導入した際に、数値目標を出すようにしたものであり、人を直接に確保するという効果の大きい農業政策をわかりやすく説明したものである。今もその政策的意義は変わりないが、農水省としては「フローベースの離農率を把握するのは難しく、今はストックベースで40万人という目標のみを掲げ」そこに向けて少しずつ増やしていく姿勢だとのことである[8]。

このことは以下を説明していることになる。土地利用型作物は約30万人（基幹的農業従事者1人が10ha耕作すると仮定して294万ha、全体の8割）、野菜・果樹・畜産等を、主業農家約54万人（1戸に基幹的農業従事者2人と仮定）と法人の基幹的農業従事者約6万人を合わせて約60万人、計90万人の基幹的農業従事者が必要と計算し、これを安定的に確保するためにはそのうち

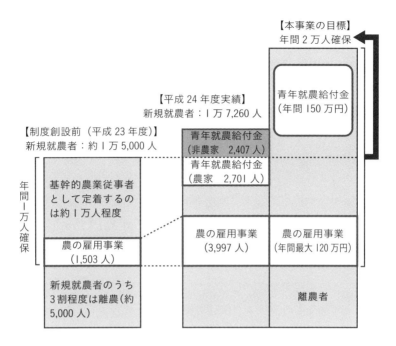

図 1-1-2　青年新規就農者の現状

資料：農林水産省資料より。

の 20 〜 65 歳代 40 万人が必要だと計算した。そのことから平均して毎年 2 万人の青年層が新規就農し継続していくことが必要と考え、制度の創設時は 20 代以下の新規就農者が年間 1 万 5000 人くらいいるが、他産業と同じように 3 割は離農とみて定着は 1 万人位と考え、これを 2 万人に増やすことにより 40 歳代以下の 40 万人を確保できると考えたのである。しかし図をみれば 2012 （平成 24）年の制度開始の年でもまだまだ 2 万人のレベルには達していない。相当の新規就農者の増加が必要であり、そのためには青年就農給付金も農の雇用事業でも格段の対象者の増加が必要なことがわかるのである。

農業次世代人材投資事業の出身別交付人数の推移と新規就農者数との比較

　表 1-1-1 は制度創設以来から直近までの交付人数の推移、そして 44 歳以下の新規自営農業就農者数および新規参入者数を載せたものである。

　日本独特の仕組みである「準備型」の受給者は 2 年以内の研修に年 150 万円

の給付を受けて、適切な研修・教育機関や先進的な農業経営者・農業法人のところで学び、それ以降の自立的経営につなげようとするものである。あるいは既存経営の期待される後継者として、さらには農業企業に雇われて能力を発揮できる雇用者として、1年以上・2年以内の研修の成果が生まれるものと位置づけられている。表に見るように受給者の3分の2は非農家出身者であり、非農家出身者にとり農業参入への準備を具体化するよい機会である。また親元に戻る自営農業就農者にとっても広く学ぶよい機会であり、自らの経営計画を作成する時期として有効な期間である。授業料や各種資材費そして生活費に、支給される年150万円を充てながら新規参入の準備を行なう。これも就農時45歳未満の要件がつくが、特に親元就農を目指す者は研修終了後5年以内に経営を継承するか農業法人の共同経営者になるという厳しい要件がついている。この場合の経営継承は全ての継承を意味するのでとりわけ厳しい。

これに対して、経営開始型の受給者は、独立・自営就農時の年齢が45歳未満であること、農地の所有権または利用権を交付対象者が有していること(農地が親族からの借入れが過半である場合は交付期間中に所有権移転をすること)、主要な機械・施設を所有ないし借りていること、生産物等の出荷取引や経営収支を交付対象者名義の通帳・帳簿で管理することが求められる。また独立・自営就農5年後には農業で生計が成り立つ実現可能な計画を立て、さらに

表 I-1-1　農業次世代人材投資事業の出身別交付人数推移　　（単位：人）

年度		平成24年度	平成25年度	平成26年度	平成27年度	平成28年度	平成29年度
準備型	非農家	1,133	1,410	1,459	1,567	1,555	1,495
	農家	574	785	951	910	906	847
	合計	1,707	2,195	2,410	2,477	2,461	2,342
経営開始型	非農家	2,407	3,642	4,829	5,334	6,008	6,369
	農家	2,701	4,248	5,261	6,296	6,310	6,303
	合計	5,108	7,890	10,090	11,630	12,318	12,672
新規採択	準備型	1,707	1,331	1,490	1,463	1,531	1,394
	経営開始型	5,108	3,184	2,938	2,593	2,282	2,130
44歳以下	新規自営農業就農者	9,300	8,880	10,630	10,070	9,390	8,400
	新規参入者	1,960	1,880	2,450	2,320	2,210	2,410

資料：農林水産省資料より筆者作成。なお44歳以下の新規参入者は『新規就農者調査結果』(各年版)より。

人・農地プランへの位置付け（または農地中間管理機構からの借入れ）も求められている。

　なお親元就農の場合、上記の要件を満たせば、親の経営から独立した部門経営を行なう場合や、親の経営に従事してから5年以内に継承することを決めた場合は、その時点から支給対象となる。とくに部門新設の場合、新規参入者と同じ経営リスク（新規作目の導入や経営の多角化等）を負い、経営発展に向けた取組みを行なうと市町村長に認められることが必要となっている。

　「経営開始型」の人数は、制度開始の2012（平成24）年度は全員が新規採択者だが、2年目以降は継続で受けるものと新規に受ける者との合計の人数が表示されている。そのため、その年の新規採択だけの人数がわかるように、別途、準備型と経営開始型に分けて示しておいた。ただし、非農家と農家との合計値である。

　その新規に採択された経営開始型の数値は、最初の年は5000人を超えたが、翌年以降は3000人から順次減ってきて、直近の17（平成29）年では2000人強のレベルに落ちてきている。しかも新規採択の場合でも非農家出身と農家出身とほぼ半分ずつであろうから、例えば17年度の経営開始型の新規採択は2130、この半分を非農家出身とみて約1000人強とすると、表の最下欄の「44歳以下の新規参入者」2410人の4割しか経営開始型の投資事業はカバーしていないことになる。もちろん新規参入者には投資事業を必要とせずにいる人もいるはずだから、これらの新規参入者全員が支給されるべきだというわけではない。実際もらわずに農業に参入しているのである。しかし支給条件が難しく受けることができなかったとすれば、その条件を改善することでさらに多くの新規参入者を農業に迎え入れることが考えられる。経営開始型で非農家出身の人がなぜそれほどに対象外になるのか、この事情を分析する必要がある。そして問題は農家出身の場合の方が大きいかもしれない。農家出身で就農する場合は新規自営農業就農者に多く含まれるであろうが、その数は17年度8000人強、これに対して経営開始型の受給者は非農家の場合と同じく1000人とすれば、この差ははるかに大きい。親元就農での受給者はきわめて少ないのである。

　農水省による市町村および都道府県への当該事業へのアンケート調査（平成28年6〜7月、青年就農給付金に関するアンケート）によると、人材投資事業および農の雇用事業はその成果を高く評価する自治体が圧倒的であるが、自

由記入で共通に要望された改善策は、親元就農の場合のみに集中しているが、5年以内の経営継承の要件緩和、親族から借り入れた農地が過半の場合の5年以内の所有権移転の緩和、農家子弟に対する新規参入者と同等の経営リスクという要件の明確化等が挙げられている。非農家出身者への要件緩和については特記されていないが、フランスの仕組み等を参考に、受給しやすくする検討を行なってほしいものである。改善することで、経営開始型の希望者をさらに募り、農家出身、非農家出身ともにその数が増えることが期待されるからである。

　農業次世代人材投資資金（旧青年就農給付金）について全国農業会議所が行なった『新規就農者の就農実態に関する調査結果』（2016年度）は、農業会議所を通じて人材投資資金の受給者、そして県・市町村を通じて就農者に、広く調査票を配布し郵送による回収が行なわれた(9)。この分析は本章の次節でなされる。

　この調査によると非農家出身による回答が2221人、そのうちの1937人が「土地などを独自に調達し新たに農業経営」を開始しているとのことである。これ以外に配偶者の実家の一部継承や部門新設などもあるが、大半は農地を手当てしての新規独立である。非農家出身者での受給者は、新規に農業を開始する場合、共通して最大の課題は農地の手当てということになる。

　この他に住宅や技術、資金の確保などが挙げられるが、こうした問題を突破して非農家出身者が参入した事例を、全国農業会議所『新規就農支援事例集―平成29年度新規就農支援事例調査』（2018年3月発行。全国農業会議所のサイトで閲覧可能）が詳細な調査をもとに取りまとめている。共通するのは、人材投資資金を使いながら、自治体や農協、法人等の支援を受け、農地や住宅の手当てを受けて参入している事例の多さである。ここをより強化することで新規参入者をより多く招き寄せることができる。参入希望者は多くなっているので、それを受け止め支援する仕組みの強化が必要なことがわかる。

　さらに雇用就農をステップに独立する新規就農者の事例も強調しておきたい。雇用者の中に先進的経営で学びいずれ独立を考える者や親元に戻る者も増えている。幸いに雇用の形にしてくれてしかも借入地を付け替えるなど、独立を考える者を積極的に支援する法人や農協、団体等が増加しているのである。新規独立就農者の最大の問題は農地手当てで、次いで販売、技術、資金、人脈、住宅等の問題だと先に述べたが、雇用就農で賃金をもらいながら研修して技術を覚え、資金を貯め、さらに農地の斡旋を受けながら住宅も探すという農

業定着のルートは望ましい。売り先として先進経営の販売に乗せてもらう「のれん分け」もある。また親元に戻る就農者も先進技術や販売方法を学び、自らの経営を発展させる大きな機会にもなっているようだ。

　そして親元就農の中で農業次世代人材投資資金を積極的に受け取り、早めの経営継承やリスクを取りながら新たな部門経営を設ける事例は同じく大事である。農家出身者からの回答は2387人であり、非農家出身者の回答数を上回っている。うち「実家の経営の全てを継承して農業経営を開始した」者が549、「一部継承で経営を開始した」者が536、「実家の農業経営とは別に新たな部門を開始した」者が408あり、さらに「土地などを独自に調達し新たに農業経営を開始した」者が481ある。合計1974で農家出身者からの回答の83％になる。この数は非農家で農地を手当てして農業経営を開始したと回答している2000弱よりは少ない。ただその多様さがわかるであろう。他方、「実家の農業に従事した」が344と少ないがこれは受給していない者である。実際はもっと多いと思われるが、人材投資資金の調査なので受けていない就農者の多くは回答しなかったとみられる。なお「両親は農家ではないが祖父母は農家」は773の回答があり、うち433は「土地などを独自に調達し新たに農業経営」を開始して受給している。孫ターンの大きさがわかる。

　実家に戻り家族員として働くだけでは給付対象にならないが、投資資金を受ける形で経営開始に取り組むのが上記のように多いことは重要である。なおこの具体的な事例は第2章1節で述べるので参考にしてほしい。

　実家に戻る場合、このように引き継ぐ農業のあり方を考え、改革しながら経営継承がなされる方向が強まれば、そして所得増加をもたらすならば、その後を追って親元就農者がさらに増加するだろう。人材投資資金はその傾向を引き出す重要な政策手段としていっそう機能するはずである。

　なお農水省の「農の雇用事業」は農業企業が人を雇用する際の大きなバックアップとして機能している。この導入を機会に若者が農業企業を就職先として選択するように「働き方改革」を進めてほしい。そのことが就農者の増加に直結するであろう。これは第4章1節で分析される。

　なお人材投資事業の仕組みが2019年度にいくつかの変更があり、45歳未満から50歳未満への引き上げ、所有移転から利用権設定という要件緩和等がなされる予定である。新しい内容の確認をお願いしたい。

注

1 この2冊の書籍は、集落営農の仕組みの下で定年帰農者もその役割を果たしていることをよく示している。そのうえで若手を雇用することで総合力を増し、経営体としての収益性を上げる事例が多い。
2 全国農業会議所のサイトで情報を得ることができる。
3 イオンアグリについては、『農村と都市をむすぶ』誌2018年9月号の堀口「畑作大規模経営の現状と特徴」で触れている。この雑誌は発刊後数カ月以内にネットで検索すれば閲覧することができる。
4 浅小井農園の仕組みは『現代農業』2017年12月号で詳細に紹介されている。
5 技能実習生の仕組みと実態については、堀口編『日本の労働市場開放の現況と課題』筑波書房、2017年を参照されたい。
6 澤井知夏さんの紹介の初出は、「『雇用就農』と『新規独立就農』の場合」(『現代農業』2018年9月号の堀口「新規就農の経営実態を追う(下)」)である。
7 日本貿易振興機構「平成18年度コンサルタント調査　フランスの農業・食料・食品産業・消費者動向」2007年2月や、独立行政法人農畜産業振興機構「砂糖類・でん粉情報」2016年5月号および「野菜情報36号」2016年12月に掲載の調査情報「EUの新規就農支援の状況」は直近の様子を示してくれている。
8 『農村と都市をむすぶ』2018年4月号の座談会「新規就農の動向と地域農業の担い手」における就農・女性課長佐藤一絵氏の弁。
9 この調査結果の分析・取りまとめは東京農業大学堀部篤氏による。なお全国農業会議所のサイトで閲覧が可能である。

参考文献

[1] 堀口健治・弦間正彦「自営農業者の長寿傾向と後期高齢者医療費への反映―埼玉県本庄市における調査を踏まえて」『農林金融』2017年9月号（本誌はサイト閲覧が可能）

2 新規独立就農者と親元就農者の実際と特徴
―― 「新規就農者の就農実態に関する調査結果（平成28年度）」から

(1)「新規就農者の就農実態に関する調査」の概要と本節の課題

　全国新規就農相談センター（(一社)全国農業会議所）では、1996年以降、農林水産省の補助を受け、3年おきに新規就農者を対象とした比較的大規模な

アンケート調査を行なってきた。当調査は、もともとは新規独立就農者を対象としたものであったが、前回調査（2013年実施）と今回の調査（2016〈平成28〉年8月実施）では、親元就農者も調査対象となっている。これは、青年就農給付金の受給者の動向を把握したいためであり、単に実家の自営農業に従事した者は、調査対象とはなっていない。青年就農給付金は2012年度に開始されたため、今回の調査が、青年就農給付金の効果、とくに就農してから数年後の経営状況を確認できる最初の調査となった。調査の実施要領、配布・回収方法等は、公開されている調査結果を参照してほしい。青年就農給付金は2017年度から農業次世代人材投資資金に名称変更しているが、本節では、調査時の名称である青年就農給付金を使用する。

　本節では、当調査結果をもとに、新規独立就農者と親元就農者の状況を概説していく。具体的には、紙面の都合から経営に直接関わる項目（実家の農業との関わり〈就農者の定義〉、経営面積、準備資金、費用、販売先、販売金額と所得、生計の成り立ち、就農時に苦労したこと、公的支援の利用）を中心に取り上げる。調査結果報告書から、新たに個票レベルの統計処理は行なっていないが、直感的にわかるように図表を新たに作成・修正している。

（2）新規独立就農者および親元就農者の定義とボリューム

　新規独立就農者と親元就農者は、生い立ち（実家が農家か）や経営資源の取得について、対照的な存在としてイメージされるが、とくに親元就農者は多様なバリエーションがある。表1-2-1に、新規独立就農者および親元就農者の取扱い（本調査における定義）を整理した。新規独立就農者は、「土地などを独自に調達し、新たに農業経営を開始した」者であり（以下、「独自調達」）、農家出身ではない者が1937名、両親は農家ではないが祖父母は農家である者が433名であり、祖父母が農家である者も少なくない。農家出身であっても、土地などを独自に調達し新たに農業経営を開始すれば新規独立就農とみなすことも可能であるが、前回調査との継続性や、土地などの資源調達には農家出身であるかが大きく影響することから、対象外とされている。

　親元就農者は、出身、（配偶者の）実家の経営との関わりが多様である。多い順に、農家出身で「実家の経営の全てを継承して、農業経営を開始した」

（以下「全て継承」）が549名、「実家の経営の一部を継承して、（その部分について経営上の責任をもって）農業経営を開始した」（以下、「一部継承」）が536名、「実家の経営で新たな部門を開始した」（以下、「新部門開始」）が408名で、これらでかなりの割合を占めている。なお、配偶者の実家の経営と関わりがある場合（全て継承、一部継承、新部門開始）にも、親元就農とされ、これらは計239名である。

次に、就農状況と青年就農給付金の受給状況を確認すると、新規独立就農者は全員、経営資源を独自に調達しているが、親元就農は6つの就農状況に分かれている（表1-2-2）。「経営開始型のみ受給者」は、合計で1426名と最も多い

表 1-2-1　就農における実家との関わり　　　　（単位：人）

			農家出身でない		両親は農家ではないが祖父母は農家である		農家出身である		合計
独自	1	土地などを独自に調達し、新たに農業経営を開始した	1,937	独立	433	独立	481	対象外	2,851
実家	2	実家の経営の全てを継承して、農業経営を開始した	18	対象外	99	親元	549	親元	666
	3	実家の経営の一部を継承して、（その部分について経営上の責任をもって）農業経営を開始した	20	対象外	93	親元	536	親元	649
	4	実家の農業経営とは別に新たな部門を開始した	23	対象外	83	親元	408	親元	514
	5	実家の農業経営に従事した	8	対象外	14	対象外	344	対象外	366
配偶者の実家	6	配偶者の実家の経営の全てを継承して、農業経営を開始した	33	親元	9	親元	10	親元	52
	7	配偶者の実家の経営の一部を継承して、（その部分について経営上の責任をもって）農業経営を開始した	60	親元	18	親元	9	親元	87
	8	配偶者の実家の農業経営とは別に新たな部門を開始した	72	親元	9	親元	19	親元	100
	9	配偶者の実家の農業経営に従事した	26	対象外	6	対象外	7	対象外	39
		合計	2,197		764		2,363		5,324

資料：本節の図表はすべて、全国農業会議所『新規就農者の就農実態に関する調査結果』より作成。

が、「一部継承」の480名、「全てを継承」の435名、「新部門開始」の346名と分かれている。配偶者の実家の場合は、多い順に「新部門開始」、「一部継承」、「全てを継承」となっており、「全てを継承」の割合は低い。1章1でみたように、青年就農給付金の実績では、経営開始型の約半数が農家出身であったが、実家の経営との関係については、様々な形態があることが本調査により確認された。

新規独立就農者と親元就農者は、全体では新規独立就農者が少し多いが、ブロックごとにその割合は大きく異なる。北海道、関東・東山、東海、近畿、中

表 I-2-2　就農状況と青年就農給付金の受給　　　　　　　　　　（単位：人）

		青年就農給付金の受給状況				合計	割合（％）
		準備型を受給したことがある	経営開始型を受給したことがある（している）	準備型・経営開始型のどちらも受給したことがある（している）	受給したことはない		
新規参入	土地などを独自に調達し、新たに農業経営を開始した	176	1,410	504	230	2,320	100
親元就農	土地などを独自に調達し、新たに農業経営を開始した	0	0	0	0	0	0.0
	実家の経営の全てを継承して、農業経営を開始した	30	435	35	135	635	32.4
	実家の経営の一部を継承して（その部分について経営上の責任をもって）農業経営を開始した	39	480	38	59	616	31.4
	実家の農業経営とは別に新たな部門を開始した	19	346	73	42	480	24.5
	実家の農業経営に従事した	0	0	0	0	0	0.0
	配偶者の実家の経営の全てを継承して、農業経営を開始した	2	31	5	12	50	2.5
	配偶者の実家の経営の一部を継承して（その部分について経営上の責任をもって）農業経営を開始した	7	60	4	12	83	4.2
	配偶者の実家の農業経営とは別に新たな部門を開始した	3	74	11	9	97	4.9
	配偶者の実家の農業経営に従事した	0	0	0	0	0	0.0
	合計	100	1,426	166	269	1,961	100

国、沖縄は新規独立就農者が多く、東北、北陸、四国、九州は、親元就農者が多い（図1-2-1）。

　現在の販売金額第1位の経営作目の人数を、新規独立就農者、親元就農者に分けて比較した（図1-2-2）。新規独立就農者では、割合が高い順に露地野菜37.1％、施設野菜28.8％、果樹15.4％、水稲等9.0％、花き・花木4.1％、その他の作目2.5％、その他畜産1.9％、酪農1.3％となっている。露地野菜、施設野菜、果樹の3作目で81.3％と大きな割合を占めている。なお、経営面積や販

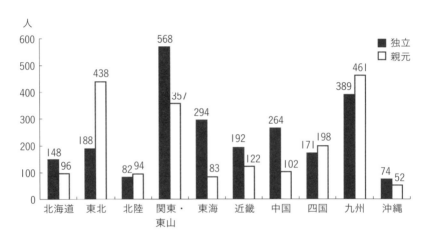

図 I-2-1　独立就農者数と親元就農者数（ブロック別）

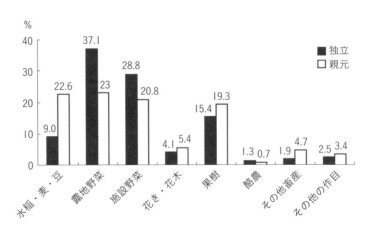

図 I-2-2　販売金額が最も大きい作目別就農者割合

売金額等が特に大きい酪農については、27名のうち、北海道が20名である。親元就農者では、割合が高い順に露地野菜23.0％、水稲等22.6％、施設野菜20.8％、果樹19.3％、花き・花木5.4％、その他畜産4.7％、その他の作目3.4％、酪農0.7％となっている。酪農は、13名のうち4名が北海道であり、新規独立就農者とは違って都府県のほうが多い。

（3）就農時の農地の経営面積、借入面積

就農する際、とくに新規独立就農者にとっては農地の調達が重要であり、苦労する点ともなっている（39ページ参照）。農地面積は、北海道と都府県、作目別、新規独立就農者と親元就農者で、傾向が異なる。都府県の新規独立就農者は、露地野菜、施設野菜、果樹などの作目が多く、50a未満の零細な経営が多い。親元就農者は新規独立就農者よりも面積が大きく（酪農以外）、特に「水稲等」ではその差が大きい。

表1-2-3から確認していこう。新規独立就農者の全国平均値は、経営面積118a、そのうち借入面積83a、借地割合は70.3％となっている。また中央値では、平均面積よりもかなり小さく、経営面積45a、そのうち借入面積40a、借地割合88.9％となっている。

表1-2-3　就農時の経営面積および借入面積　　（単位：a、経営体）

		経営面積				借入面積				集計対象数	
		平均値		中央値		平均値		中央値			
		独立	親元	独立	親元	独立	親元	独立	親元	独立	親元
全国		118	277	45	80	83	158	40	45	1,589	989
北海道		1,104	1,580	200	1,200	427	567	100	362	74	45
都府県		70	215	42	76	66	139	40	42	1,515	944
販売金額第1位の作目	水稲・麦・豆	148	687	80	400	139	408	78	215	125	236
	露地野菜	77	145	50	60	73	98	49	50	607	259
	施設野菜	48	66	30	32	44	38	30	20	428	175
	花き・花木	40	65	26	30	29	43	20	15	57	46
	果樹	68	100	50	76	60	44	48	30	245	186
	酪農	3,749	1,899	3,700	825	1,330	710	450	600	17	8
	その他の畜産	141	293	50	220	101	205	50	185	15	24
	その他	63	186	56	115	60	77	56	50	31	31

農地の権利取得状況については、北海道と都府県で大きく異なる。北海道では平均では経営面積11.04ha、借入面積4.27ha、借地割合38.7％、中央値では、経営面積2ha、そのうち借入面積1ha、借地割合50％となっている。北海道では、突出して大きい規模の経営があることから、平均で10haを超えているが、中央値では2haである。一方都府県では、平均では経営面積70a、借入面積66a、借地割合94.3％、中央値では、経営面積42a、そのうち借入面積40a、借地割合95.2％となっている。都府県の新規参入の一般的な経営面積は40a程度で、そのほとんどが借地である。前回との平均経営面積の比較では、全国で41a減、北海道は51a減、都府県は13a減といずれも減少している。

　次に、親元就農者をみていこう。

　親元就農者における経営面積は、全部（一部）継承または部門経営により、自身で管理している部分である。まず、全国平均では、経営面積2.77ha（新規独立就農者比2.3倍）、借入面積1.58ha（新規独立就農者比1.9倍）で借地割合は57.0％（新規独立就農者比13.0ポイント減）であり、経営面積は2倍以上大きく、借入れの割合は小さい。北海道と都府県の平均経営面積は、北海道15.8ha（新規独立就農者比1.4倍）、都府県2.15ha（新規独立就農者比3.1倍）となっており、新規独立就農者と同様に北海道のほうが相当に大きい面積となっている。

　作物別に、新規独立就農者と親元就農者を比較すると、園芸作目では大きな差はないものの、土地利用型作目では、とくに「水稲等」は親元就農者が6.87haで新規独立就農者比4.6倍と大きな差がある。また、露地野菜も1.45haで1.9倍である。親元就農者の作目では、「水稲等」の割合が新規独立就農者よりも高く、全体としての面積の違いに現れている。

（4）現在の経営面積

　つづいて、現在（調査時点）での経営面積である。表1-2-4から新規独立就農者の経営面積をみると、平均値165a（就農1年目比1.4倍）、中央値65a（就農1年目比1.4倍）となっており、就農時から面積を増加させている。作目別では、「水稲等」が2.91ha（就農1年目比2.0倍）、露地野菜が1.33ha（就農1年目比1.7倍）と増加割合が大きい。親元就農者は、平均値3.73ha（就農1年

表 I-2-4　現在の経営面積、借入面積　　　（単位：a、経営体）

		経営面積				借入面積				集計対象数	
		平均値		中央値		平均値		中央値			
		独立	親元	独立	親元	独立	親元	独立	親元	独立	親元
全国		165	373	65	119	125	243	60	66	1,662	1,060
北海道		1,159	1,743	205	1,419	405	642	94	423	74	46
都府県		119	311	60	107	112	225	60	61	1,588	1,014
販売金額第1位の作目	水稲・麦・豆	291	920	130	650	274	628	120	407	140	255
	露地野菜	133	226	80	110	128	166	80	70	649	269
	施設野菜	63	78	40	46	56	46	39	26	438	190
	花き・花木	70	83	40	36	58	50	35	20	59	49
	果樹	104	126	79	90	93	66	70	40	261	201
	酪農	3,501	2,045	3,500	970	1,069	683	450	485	18	8
	その他の畜産	186	485	100	480	150	365	50	287	17	27
	その他	132	244	70	185	122	135	70	70	38	35

目比1.3倍)、中央値1.19ha（就農1年目比1.5倍）、であり、就農1年からの増加割合は、新規独立就農者と大きな違いはない。

(5) 就農時の費用と資金確保の内容（新規独立就農者）

　新規独立就農者における、就農1年目に要した費用と自己資金の準備状況を前回調査と比較すると、営農に要する費用は同額であるが、投資に関する費用が前回よりも少ない。また、自己資金は、営農面、生活面ともに前回よりも低い金額になっている。これは、青年就農給付金の目的どおりに、自己資金が少なくても就農できるようになったといえるが、一方で投資金額が小さくなっており、経営発展の点が懸念される。

　表1-2-5から確認すると、営農面の費用は新規独立就農者全体の平均では、569万円（前回比－89万円）で、そのうち機械・施設等への費用は411万円（前回比－89万円）、種苗・肥料・燃料等への費用が158万円（前回同額）となっている。これに対し、営農面での自己資金は232万円（前回比－100万円）であり、費用との差額は－337万円（前回比－11万円）となっている。また、生活面での自己資金は159万円（前回比－68万円）であり、就農1年目の農産物売上高は259万円（前回比－8万円）である。このように、営農面での自

己資金、生活面での自己資金のどちらも前回より低い金額となっており、合計すると、168万円少ない。一方で、種苗・肥料・燃料等への費用は前回と同額であるが、機械・施設等への費用が前回よりも89万円少ない。

次に、就農時の年齢別にみると、営農費用合計では、多い順に40歳代、30歳代、29歳以下、50歳代、60歳以上となっている。

続いて作目別にみると、酪農では自己資金の準備額が512万円で、作目別でみた場合に最も高くなっている。しかしながら、費用合計は2473万円と群を抜いており、その差額は－1961万円となっている。とはいえ、就農1年目の農産物売上高は2589万円であり、1年目の営農費用と自己資金の差額を上回るものとなっている。そのほか、営農費用と自己資金の差額の絶対値が大きい順に、その他の畜産－1195万円、施設野菜－548万円、花き・花木－481万円、水稲等－355万円、その他－171万円、露地野菜－132万円、果樹－123万円となっている。

表 I-2-5 就農1年目の平均費用と自己資金 （単位：万円）

		営農面						生活面		1年目売上高	
		費用		自己資金		差額		自己資金			
		平均	中央	平均	中央	平均	中央	平均	中央	平均	中央
新規参入者計		569	300	232	150	-337	-150	159	100	259	100
就農時年齢	29歳以下	545	250	173	100	-372	-150	77	50	247	100
	30〜39歳	567	300	219	150	-348	-150	162	100	286	115
	40〜49歳	598	300	277	160	-321	-140	213	150	237	100
	50〜59歳	505	310	683	300	178	-10	274	200	103	55
	60歳以上	261	250	305	275	44	25	120	100	37	40
現在の販売金額第1位の作目	水稲・麦・豆	556	280	201	100	-355	-180	107	80	158	80
	露地野菜	319	230	187	100	-132	-130	151	100	161	80
	施設野菜	826	440	278	200	-548	-240	186	100	343	200
	花き・花木	763	400	282	200	-481	-200	182	150	285	200
	果樹	360	230	237	150	-123	-80	166	100	153	100
	酪農	2,473	1,550	512	300	-1,961	-1,250	198	200	2,589	2,157
	その他畜産	1,420	350	225	100	-1,195	-250	99	63	308	40
	その他	335	280	164	100	-171	-180	158	80	204	66

(6) 販売先

　生産物（農産物、畜産物、加工品等）の販売先で、販売金額第1位は、新規独立就農者、親元就農者ともに農協が最も多い。ただし、第3位まで含めると、新規独立就農者は、消費者直接販売が最も割合が大きい。その他、新規独立就農者は、小売業者や食品製造業・外食産業が多く、親元就農者は、農協以外の集出荷団体や卸売市場が多くなっている。新規独立就農者が自ら販路を開拓している姿が見てとれる。

　図1-2-3から新規独立就農者の第1位をみると、農協が46.3％と最も高く、2番目以降よりもかなり割合が高い。次に割合が高いのは「消費者に直接販売」14.3％、小売業者12.6％である。「消費者に直接販売」は、1位14.3％、2位26.1％、3位35.7％となっており、販売金額が2位、3位の販売先としている割合が高い。

　親元就農者の販売金額第1位は、農協の割合が突出して高く64.9％であった。続いて卸売市場8.9％、農協以外の集出荷団体8.1％、「消費者への直接販売」7.2％、小売業者6.1％、食品製造業・外食産業1.5％となっている（図1-2-3）。新規独立就農者と比較すると、どちらも第1位で最も回答が多いのは農協

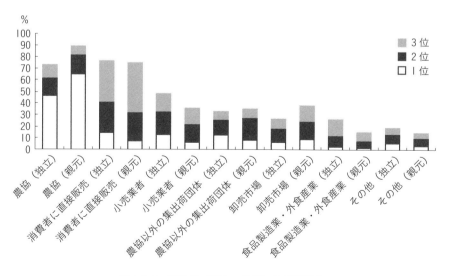

図1-2-3　販売先（第1〜3位）の回答割合

であるが、親元就農者の方がその割合が高い。また、卸売市場の割合が高く、消費者に直接販売、小売業者、農協以外の集出荷団体、食品製造業・外食産業の割合は低い。

(7) 現在の販売金額

現在の生産物の販売金額は、新規独立就農者については、畜産と施設園芸を除いた作目では250万円程度の者が多く、生計を維持するだけの所得を確保するには少ない金額となっている。図1-2-4から作目ごとに金額階層を確認すると、酪農は2000万円以上がほとんどで、他の作目よりはるかに大きい。水稲等、露地野菜、果樹、その他の作目では、300万円未満が過半である。

新規独立就農者と親元就農者を比較すると、親元就農者は平均値879万円（新規独立就農者比＋255万円）、中央値425万円（新規独立就農者比＋105万

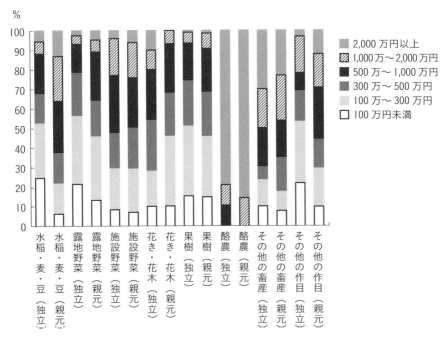

図 I-2-4　作目別の販売金額階層割合

注：作目は、販売金額が最も大きい作目。図示した販売金額は、経営全体の値。

円）である。とくに「水稲等」では、1116万円（新規独立就農者比＋554万円）と大きく異なる。回答者割合も親元就農では「水稲等」が多く、大きな特徴といえる。一方で、「花き・花木」は、425万円で新規独立就農者よりも257万円少ない。

(8) 現在の農業所得

　現在（調査時点）の新規独立就農者の農業所得額は平均109万円、中央値60万円となっている。親元就農者は、平均149万円、中央値100万円であり、どちらも新規独立就農者より40万円多い。親元就農者では、50万円未満の割合は33.1％と新規独立就農者の割合より低い。このように、全体として新規独立就農者よりも多くの農業所得を得ているが、100万円以上300万円未満が37.9％と最も高い割合で、300万円以上の階層の割合は13.8％とそれほど多くない。

　新規独立就農者の農業所得階層別では、図示はしていないが、100万円以上300万円未満の割合が最も高く29.2％であり、以下50万円以上100万円未満16.7％、0円未満（マイナス）15.7％、0円14.5％、1万円以上50万円未満14.1％、300万円以上500万円未満5.9％、500万円以上1000万円未満2.9％、1000万円以上1.0％となっている。農業所得が50万円未満と少ない経営が44.3％とかなりの割合を占めている。ただし、0円未満（マイナス）や0円の階層の平均販売金額はそれぞれ、328万円、288万円で、1万円以上50万円未満の平均販売金額240万円よりも大きい。一方で、所得300万円以上は、9.8％と1割未満でかなり少ない。また、300万円以上500万円未満の階層の販売額平均は1203万円であり、300万円以上の所得を得るためには、1000万円以上の売上が一つの目安となっている。

　図1-2-5から作目別に新規独立就農者の平均農業所得額をみると、酪農が1013万円（中央値425万円）と他の作目と桁違いに大きい。他の作目では、所得が大きい順に、その他の畜産が216万円（中央値100万円）、その他の作物153万円（中央値88万円）、施設野菜120万円（中央値95万円）、果樹110万円（中央値70万円）、花き・花木81万円（中央値46万円）、水稲等79万円（中央値43万円）、露地野菜72万円（中央値40万円）となっている。回答者

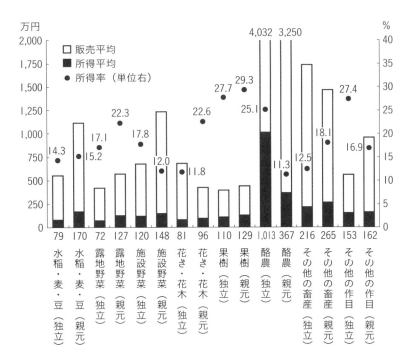

図 I-2-5　作目別の平均売上高・農業所得・所得率
注：横軸の下の値は平均農業所得額（万円）。

が最も多い露地野菜の農業所得が最も少なくなっている。

　所得率を新規独立就農者と親元就農者で比較すると、施設野菜、酪農、その他作目では独立就農者のほうが大きいが、それ以外の作目では親元就農者のほうが大きい。

　また、当調査では、新規独立就農者に対して「おおむね農業所得で生計が成り立っているか」について質問している。その結果では、「おおむね農業所得で生計が成り立っている」割合は、24.5％である。前回調査（23.4％）よりも1.1％とわずかながら上昇しているが、生計費をカバーできる農業所得を得られている新規独立就農者は4分の1ほどしかいない。

　「農業所得では生計は成り立っていない」とする者の所得不足分の補てん方法（複数回答）をみると、「青年就農給付金」が41.3％と最も多く、「農業以外の収入等（家族の農外収入を含む）」は21.9％と前回から26.9ポイント低下し、

「就農前からの蓄え（貯金）」も21.3％と前回44.0％から22.7ポイントの低下と、それぞれ大幅な割合の低下となった。ほかに、「その他」や身内からの借り入れの割合も低下しているが、金融機関からの借り入れはほとんど変わっていない。

　青年就農給付金は、農業経営が不安定な就農直後（5年以内）の所得を確保することを目的としており、所得不足分の補塡に充てられることは事業目的どおりである。一方で、青年就農給付金を当てにして、農業経営および生活をしている新規独立就農者が多いことから、給付金の受給期間終了後の生計の確立が重要である。青年就農給付金では、青年等就農計画が独立・自営就農5年後には農業で生計が成り立つ実現可能な者であることが事業要件とされている。就農5年後に農業で生計を成り立たせることができれば望ましいが、実際には容易ではない経営も少なくない。経営発展を目指すとともに、営農継続と並行して可能な生計補てん方法を見つける必要があろう。

(9) 経営資源の確保で苦労したこと

　新規独立就農者が就農時に苦労した点は、「農地の確保」、「資金の確保」、「営農技術の習得」、「住宅の確保」の順に苦労したとする割合が高くなっている（図1-2-6）。なかでも「農地の確保」と「資金の確保」は、多くの人が苦労したこととしてあげており、第3位までに選択した割合が「農地の確保」は71.6％、「資金の確保」は71.2％と高い値となっている。なお、第1位に選択した割合も、「農地の確保」が30.9％、「資金の確保」が27.0％と大きな差はなく、この2点が最も苦労している点といえる。また、「営農技術の習得」も54.0％と、その他と比べて高い割合となっている。

　過去の調査と比べると、「地域の選択」や「相談窓口」といった就農段階初期の回答割合は低くなっているものの、上位2つの「農地の確保」、「資金の確保」はいずれも継続して回答割合が高くなっている。

　親元就農者が就農時に苦労した点は、「営農技術の習得」、「資金の確保」、「農地の確保」、「家族の了解」の順に苦労したとする割合が高くなっている。とくに、「営農技術の習得」は78.6％、「資金の確保」は77.2％で、他の項目を大きく上回っている。また、「農地の確保」は47.1％と前回よりも17.9％上

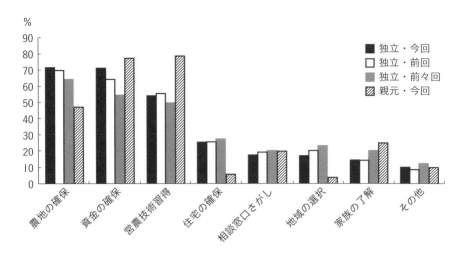

図 I-2-6　就農時に苦労したこと（複数回答）

回っている。親元就農者であっても、経営継承や部門経営を行なう場合には、資金の確保や農地の確保が大きな課題となっている。

（10）公的機関による支援措置の利用状況（新規独立就農者）

　公的機関（国・都道府県・市町村・農協など）による支援措置の利用状況については、青年就農給付金の利用者が多い。また、それ以外の研修支援助成、農地の権利取得への支援、機械・施設の取得への支援、住宅の斡旋も、前回調査よりも利用割合が高くなっている。

　表1-2-6から確認すると、利用した者の割合が高い順に、「費用・使用目的を限定しない助成金・奨励金の交付」83.5％、「研修の支援助成」70.3％、「農地の斡旋・紹介」65.8％、「機械・施設の取得に対する助成」56.9％、「農地取得・借入に対する助成」28.6％となっており、多くの新規独立就農者が様々な支援措置を組み合わせて活用していることがわかる。また、これらの支援措置の多くが前回よりも利用割合が高くなっている。

　最も利用割合が高い「費用・使用目的を限定しない助成金・奨励金の交付」については、前々回（2010年調査）20.8％、前回46.4％から今回は83.5％へと大きく上昇している。また今回の調査では支援主体ごとに回答を得たが、支援

表 I-2-6　公的機関による支援措置の利用状況（新規参入者）（複数回答）

（単位：％）

		費用・使用目的を限定しない助成金・奨励金の交付	研修の支援助成	農地の斡旋・紹介	農地取得・借入に対する助成（リース料助成を含む）	機械・施設の取得に対する助成（リース料助成を含む）	税の減免	住宅の斡旋（家賃補助を含む）
新規参入者計	【今回】	83.5	70.3	65.8	28.6	56.9	12.1	13.7
	【前回】	46.4	46.2	40.8	21.0	35.2	12.3	12.5
就農時年齢	29歳以下	92.0	62.5	65.0	23.8	55.5	15.2	9.0
	30～39歳	85.5	72.8	66.4	32.9	59.1	11.7	15.9
	40～49歳	79.7	71.0	64.2	25.4	56.2	10.5	14.8
	50～59歳	62.1	97.1	79.4	21.4	79.4	19.2	11.5
	60歳以上	27.3	87.5	79.2	30.0	9.5	4.8	0.0

主体は国が50.8％あり、「費用・使用目的を限定しない助成金」の約半数が青年就農給付金の利用と考えられる。

一方で国以外にも、都道府県23.2％、市町村46.2％、農協18.3％と、多くの主体が使途を限定しない助成を行なっている。国の次に多いのが市町村であるが、市町村独自の支援制度の利用があると考えられる。年齢等によって青年就農給付金の対象外となったものを対象とした助成制度が想定される。

支援措置の利用状況を就農時年齢別にみると、「費用・使用目的を限定しない助成金・奨励金の交付」については、年齢が若いほど利用の割合が高く、29歳以下92.0％、30歳代85.5％、40歳代79.7％とほとんどの人が利用しているといってよい状況である。さらに50歳代でも62.1％となっているが、これは前回10.5％から51.6％と大幅に上昇している。そのほか、研修の支援助成については、29歳以下の利用割合が低く、50歳以上の利用割合が高い。

また、支援機関別にみると、研修の支援助成は都道府県の割合が最も高く、その他の「農地の斡旋」「農地取得・借入に対する助成」「機械・施設の取得に対する助成」「税の減免」「住宅の斡旋」は、市町村の割合が最も高い。

(11) 経営面と生活面の問題・課題

現在直面している課題を整理したものが表1-2-7である。新規独立就農者が経営面で問題・課題となっている項目で最も割合が高かったのが「所得が少ない」であり、55.9％があげている。次に「技術の未熟さ」45.6％、「設備投資資金の不足」32.8％、「労働力不足（働き手が足りない）」29.6％となっている。とくに「労働力不足」は前回よりも6.7ポイント上昇している。

親元就農者では、経営面での問題・課題となっている項目で最も指摘割合が大きかったのが、新規独立就農者と同様に、「所得が少ない」であり、55.1％があげている。次に、「技術の未熟さ」が46.6％、「設備投資資金の不足」が34.3％、「運転資金の不足」が24.5％となっている。生活面での問題・課題で

表 1-2-7 就農後の経過年数、就農時年齢、作目別の経営面での問題・課題（複数回答）

（単位：％）

		所得が少ない	技術の未熟さ	設備投資資金の不足	労働力不足（働き手が足りない）	運転資金の不足	栽培計画・段取りがうまくいかない	農地が集まらない	販売が思うようにいかない
親元		55.1	46.6	34.3	26.6	24.5	14.2	12.4	10.2
独立		55.9	45.6	32.8	29.6	24.3	19.8	16.8	9.9
就農後経過年数	1・2年目	54.6	50.9	33.5	25.1	25.1	24.3	18.1	8.2
	3・4年目	59.6	44.9	33.0	34.0	22.4	16.6	15.8	13.0
	5年目以上	56.2	36.1	28.7	35.0	21.2	14.0	15.3	10.6
就農時年齢	29歳以下	55.4	48.5	32.1	25.4	23.6	17.2	18.5	11.0
	30～39歳	53.1	46.8	33.1	29.6	23.7	18.8	17.8	9.6
	40～49歳	64.6	43.0	32.8	33.3	23.7	22.8	14.4	9.1
	50～59歳	48.8	39.0	12.2	34.1	17.1	24.4	14.6	19.5
	60歳以上	55.6	48.1	25.9	33.3	14.8	29.6	3.7	25.9
販売金額第1位の作目	水稲・麦・豆	56.3	40.5	42.1	25.8	31.6	15.3	15.3	12.1
	露地野菜	57.7	48.2	32.8	28.9	22.0	25.0	18.6	10.9
	施設野菜	53.3	50.3	29.3	32.5	19.8	17.9	15.1	8.2
	花き・花木	58.8	45.9	30.6	31.8	28.2	24.7	10.6	7.1
	果樹	59.0	41.6	29.8	33.9	24.5	13.0	19.6	10.2
	酪農	15.4	42.3	42.3	38.5	19.2	3.8	0.0	0.0
	その他の畜産	38.5	25.6	53.8	17.9	30.8	12.8	20.5	10.3
	その他	68.0	34.0	36.0	24.0	34.0	12.0	14.0	12.0

は、新規独立就農者とともに割合が大きいのが「思うように休暇がとれない」で5割を超えている。

(12) まとめ

　新規独立就農者と親元就農者の実際と特徴について、「新規就農者の就農実態に関する調査結果」から概観してきた。一般に、新規独立就農者と親元就農者は、経営資源の調達について対照的な存在としてイメージされる。新規独立就農者は経営資源のすべてを独自に調達している者として、親元就農者はすでにある実家の経営を継承し、農業技術や農村文化も子どもの頃から身につけている者として、である。しかし、今回調査対象となった青年就農給付金を受給している親元就農者は、新部門の立ち上げや配偶者の実家を経営継承するなど、経営資源の獲得や技術習得に多様なバリエーションがあった。また、新規独立就農者と親元就農者のどちらとも、両親は農家ではないが祖父母が農家である者が少なからず存在した。確かに、新規独立就農者と親元就農者という区分は、新規就農者を理解する際に有効であろう。ただ、新規独立就農者と親元就農者のそれぞれが、またその間が、農業や経営資源との関わりについて多様であることが確認された。

　そのうえで、親元就農者と新規独立就農者を比較すると、親元就農者は、新規独立就農者よりも経営資源の獲得は容易となっていた。とくに独立就農者にとって課題である農地を見つけやすいことから、土地利用型の「稲作等」の割合が高い特徴があった。販売金額と農業所得は新規独立就農者よりも大きい金額であったが、それでも所得が十分に確保できている経営は多くはなかった。

　新規独立就農者においては、農地の調達が以前から継続して就農時の大きな課題となっていた。都府県では、就農時の農地の9割以上が借地となっており、また、北海道でも借入れによる農地調達の比率が6割近くに及び、購入が主流だった農地調達に変化がみられた。さらに、就農時の農地面積が小さくなっていた。作物別の就農1年目の農地面積を前回の調査結果と並べると、露地野菜では前回120.2a→今回74.2a、施設野菜では71.9a→47.0a、果樹では97.2a→54.5aと、もともと比較的小さかった園芸作の参入規模がさらに小さくなっていた。

以上のように、就農候補地の選択肢の拡大や、経営志向の高まりと農業法人を経由した就農ルートの定着の動き、農地や資金確保の面での参入障壁の軽減がみられたものの、就農後の経済状況の厳しさは、これまでと大きな変化はなく、「おおむね農業所得で生計が成り立っている」とする割合は23.4％であった。就農後の経過年数別、作目別に農業所得での生活可能性を確認すると、現状では、とくに耕種経営において就農後の比較的短い期間で生計費を賄える農業所得を確保することは難しい状況となっている。

　こういった新規独立就農者の経済状況の厳しさを踏まえ、就農後のフォローアップが重要である点はこれまでも指摘されてきたことである。ただ、今回の調査結果において、農業所得の確保が十分とはいえないなかで、作目によっては就農1年目の経営面積が従来に比べ小さくなる傾向も認められた。就農までの障壁の低減を重視しすぎ、就農後の経営停滞を招く結果とならないよう、新規独立就農者、支援側双方が留意する必要があり、そのうえで、残された問題・課題に示すように、技術習得や規模拡大を後押しする資金調達支援や労働力支援が、継続的に実施されることが求められるといえる。

注

1　全国新規就農相談センターホームページ http://www.nca.or.jp/Be-farmer/statistics/ 参照。なお、当調査結果では、本書における「新規独立就農者」が、「新規参入者」と表現されている。

第2章 親元就農の多様さ
──実状と課題

1 親元就農にみる多様な継承

（1）新規自営農業就農者の多様な事例
――現役社会人からの転職および定年帰農

　本節は、農水省の新規就農者調査で最大の割合を占める新規自営農業就農者、この内容を検討するものである。2000 年代では全体の 8 割台を占めた大きさの新規自営農業就農者、いわゆる親元就農といわれるものだが、2010 年代では新規雇用就農者の増加等で 7 割台に落ちてきているものの、依然として最大の就農ルートである。

　新規自営農業就農者は、家族経営体の世帯員で調査期日前 1 年間の生活の主な状態が「他に雇われて勤務が主だった者」および「学生」から自営農業への従事が主になった者である。しかし 2017 年で 4 万 2000 人の新規自営農業就農者のうち新規学卒就農者は 1500 人であり、この数は新規雇用就農者に占める新規学卒就農者 1900 人（このうち農家出身は 300 人であり、非農家出身の 1600 人が主たる位置を占める）を下回る水準になっている。増加してきた新規雇用就農者で非農家出身の学卒者の数が農家出身の学卒・親元就農者の数を上回ったのは、雇用の形での需要が増えてきたこと、新規参入と比べリスクも少なく非農家出身でも農業への参入がしやすくなったことを反映している。

　親元就農の主力は「他に雇われて勤務が主」からのものが大半で、このうち 49 歳以下の新規自営農業就農者の 1 万人のうち、職をもつ社会人からの帰農（9000 人）が主である。さらにこのうちの 39 歳以下の帰農者は 5000 人であり、これに新規学卒者を加えても 7000 人弱とまだまだ少ないが、しかし彼らは意図的に実家の農業を職業として積極的に選択した人たちである。

　他方、彼らをはるかに上回る数の、「他に雇われて勤務が主」で 50 歳以上の 3 万 1000 人（うち 65 歳以上 1 万 5000 人）がいる。定年や定年に近い時に実家に戻るタイプであり、今も定年帰農が数の上で大事な就農ルートであることがわかるのである。

　なお新規自営農業就農者 4 万 2000 人のうちの 8600 人が「新たに親の経営を継承」しているが、この中で 5600 人が 50 歳以上であり、定年帰農者が早めに

経営を引き継いでいることが示されていて、彼らの農業経営に占める重みがわかる。なお「親の経営とは別部門を新たに開始」した者は500人で、そのうち300人が44歳以下であり、親が未だ経営者なので部門新設で自らの経営を一部始めている者の大きさが示されている。

　なおこの新規就農者調査では「新たに自営農業が主となった世帯員の就農以前の就業状態別人数」が示されており、その合計数は2017年では今まで述べてきた新規自営農業就農者4万2000人を上回る6万4000人となっている。この差の2万2000人は全体の新規就農者数にも含まれていないが、農業以外の自営業、家事・育児、その他が就農以前の就業状態だった者が就農したのであり、50歳以上が2万人、うち1万4000人が65歳以上である。これらも就農者の数に入れてよいと思われる。「他に雇われて勤務が主」から「自営農業への従事が主」になった者で65歳以上は1万5000人とすでに述べたが、この規模に匹敵する大きさなのである。

　この新規自営農業就農者の中で、学卒ないし39歳以下で「他に勤務」（「農業以外に勤務」のみではなく農業法人等の農業関係の勤務も含む）から就農した者の多くは、親の経営を積極的に継承しようとする者であり、彼らの就農の経緯を事例として学んでおく必要があるだろう。

　次項以降の、農業就農を決めた人が学ぶ日本農業経営大学校の卒業生のケースにはそれが含まれる。

　この他に実家に就農する前に先進的な農業経営で研修したり雇用されて学ぶなど、多様な形がある。多くの都道府県にある農業大学校、私立の専門学校、農業高校等の正規の農業系教育機関を卒業するだけでなく、実家に入る前に進んだ農業技術や農業経営の仕方を先進経営で学ぶ人達が多いことも強調しておきたい。

　そして定年帰農の大きさも重視しておきたい。定年後の就農はやや受け身的に受け取られがちで、若手の途中退職による就農の積極さと比べると劣るようにみえるが、就農者の数が多いだけではなく、体力、知力をもって帰農した社会人経験者の能力は今の農村にとって期待されるところである。もっとも就農する者を支援する政策は、国の農業次世代人材投資事業にみるように、独立・自営就農時の年齢が原則45歳未満の認定新規就農者であり、上記の定年帰農者は対象になっていない。しかし最近の農業技術は変化が激しく研修が必要で

あり、また農業経営も専業に必要な規模は大きくなっているのでリスクもあることから、定年帰農者も就農支援策の対象に入ることが求められる。現時点ではその必要性を認識した自治体の独自の支援策のみでカバーされているにすぎない。

(2) 日本農業経営大学校を卒業した若者の実践例

　就農を決意した若者のみに入学を認め、2年間・全寮制で学ぶ日本農業経営大学校（以下、経営大学校と略称）は、2018年3月で4期生を卒業させるところまできた。彼らは農業経営者や経営の幹部・担い手を目指し、経営力の科目を主に農業力・社会力・人間力の広い分野を学び、先進的経営での長期実習や企業実習を経験したうえで全員が就農している。数年を経たばかりの若い就農者だが、その実践はあとに続く就農希望者の参考になるだろう。年数を経てすでに成功している農業経営者とは異なり、就農希望者が同じ目線でとらえられる若い農業者ばかりだからである。なお就農を前提に学んでいるので、大半の学生は研修型の農業次世代人材投資資金を受け、これで授業料と寮費を支出しているので親からの支援は基本的に不要である。

　就農の形はいろいろある。今も大きな流れの親元就農、増加が注目される雇用就農、非農家出身者が主の新規独立就農、この3形態は経営大学校の卒業生も同様である。しかし3形態の中も多様であり、関係する章で事例を紹介したい。

　この節は、親元就農を対象にして検討するが、戻ってきた若者は、親の個人経営に家族員としてあるいは法人経営の雇用者として加わる形が多い。ただし親の経営に従事してから5年以内に継承する事例はそう多くはない。卒業時が20歳代前半なので、経営者としての親は若く後継者への経営継承を具体的に考える時期にはないので、専従者として個人経営に加わり親を助けながら農業経営を学ぶことになる。あるいは法人に雇われて働きながら親世代の経営の仕方を学ぶのである。

　しかし、親の経営を助けつつ、自ら考えた経営を始める者も増えてきている。親の経営方針を理解しつつも、時代に対応した経営の芽を早くから展開するタイプである。例えば親とは異なる部門を新設し、リスクを取りつつ自分の

経営を始める者が出てきているのである。さらには新規独立する学生もいる。もちろん生前贈与や相続時精算課税制度等を使い、一部継承を含め、経営継承に早めに取り組む事例もあり多様だが、ここでは部門新設および新規独立就農の事例を紹介しておきたい。なお新規独立就農の事例は、正確にいえば第3章の新規独立就農に含まれるが、親元に戻り親の経営を応援しつつ、仕組みが新規独立なので本節に入れ、広い意味での親元就農の事例としている。

(3) 新潟県津南町で4年目の野菜部門に取り組む村山周平さん
―― 稲作専業経営の後継者

　大卒後、経営大学校で学び2015年に卒業した村山さんは1期生である。父の稲作18ha・作業受託7haの経営を親元に戻って手伝い、播種からトラクタ、田植機、コンバイン、草刈、肥料播き等の一連の作業を1年目に経験し、2年目は苗や田植え後の水管理も任されるようになった。また少量だが農協出荷以外に周辺の食堂などに自ら直接売り歩き、販売の経験を2年目から行なっている。稲作の経営規模は大きいので、父と2人、そして数人のパートとの共同作業だが、仕事は結構きついようだ。

　しかしそれでもなお、当初からの考えで自らの部門を立ち上げ（部門新設）、リスクを取りながら野菜に取り組んでいる。父から就農後に畑の所有権1.2haをすぐに譲ってもらい、1年目はスイートコーン、雪下ニンジン、秋ニンジン、ミニ白菜、アスパラガス、ズッキーニといろいろ試してみた。そして稲作と両立できる品目は機械化でき管理にそれほど手間がかからない秋ニンジンだと判断して、1年目の10a弱の秋ニンジンを、自分の名前で借地し拡大した農地で、2年目は1.8haのうち0.5ha、3年目は0.6haまで増やした。しかし全体の売上は160万円でまだまだである。これを5年目には500万円の売上にもっていきたいと考えている。経営大学校時代に世話になった実習農場先からニンジン出荷を依頼されたり、冷蔵庫保管による直接販売も今後考えているので、売上高は増加が期待できる。

　自分の農場を「ゆきやまと農場」と命名し白色申告を行なっているが、拡大した畑の3年目も直接費の100万円を差し引くと所得は60万円のみである。父の経営を手伝っているので年2回の専従者給与があり、これに旧青年就農給

付金（現在の農業次世代人材投資資金）150万円を加えて、子どもを授かった新婚家庭を賄っている。さらに自身は冬の酒蔵のアルバイトにも行って多様な経験をし、今後の投資のために貯蓄を行なっている。いずれは餅の加工にも関わり、冬場の仕事の幅をさらに確保しておきたい。4年目は野菜規模を拡大して青色申告を行ない、将来のための基礎をつくるとしている。

　というのは、こうした野菜作りや取り組んでいる冬の仕事は、周年雇用のための準備でもある。旧青年就農給付金が切れる2年後に父の稲作を承継し、その後さらに拡大して稲作を40haにまで拡大することを考えているので、そのためには年間雇用者が必要だと考えている。そして稲作だけでは周年雇用の仕事を確保できず、冬の仕事が必要になると考え、今から準備しているのである。親からの経営承継を考えるにあたって、稲作規模拡大のボトルネックへの対応を考えているのは印象的である(1)（図2-1-1）。

農家子弟（長男）
新潟県・津南町出身
関東4年制大学経済学部卒

動機は「代々続く自家の稲作農家を継ぐ」「自家を規模拡大し農閑期のない安定経営にしたい」

日本農業経営大学校入学（第1期生）

卒業時経営計画のテーマは「規模拡大・部門新設・周年雇用・販路拡大・海外への技術貢献」

新潟県・津南町の親元で部門新設

就農直後は、自家の稲作を手伝いながら野菜部門を新設し、販路拡大にも着手
自らの経営は「ゆきやまと農場」と命名

図2-1-1　村山周平さん

現在は親からの経営承継も視野に自らの圃場も1.8haに拡張しニンジン等を栽培
農閑期対策として加工へも挑戦中

(4) 熊本県大津町「蔵出しベニーモ」1戸1法人を兄弟で支える中瀬健二さん
──自己の新規独立経営のニンニク・干し芋に取り組みながら

　農家9代目の中瀬健二さんは大卒後、社会人を経て経営大学校に入学し、30歳で家に戻った1期生である。大学校の卒業研究である自身の経営計画は「新戦略でさつまいもに付加価値を」であり、ブランド化により価格決定権を確保するとともに、時期に左右されない年間を通じた売上の増大と雇用の実現を目指すものだった。

　兄が先に戻っていて、次男の健二さんが戻った翌年の2016年7月に「株式会社なかせ農園」を資本金300万円の1戸1法人として立ち上げた。当時の作付面積はさつまいも5haだが、焼き芋ブームを踏まえ、作付品種をこれまで

図 2-1-2　中瀬健二さん

農家子弟（次男）
熊本・大津町出身
農業系4年制大学卒

▼

動機は「自家に戻り兄弟で就農したい」「技術は親から、学校では経営を学びたい」

▼

在京のWeb制作会社を経て日本農業経営大学校入学（第1期生）

▼

卒業時経営計画のテーマは「直販・6次化・ブランド化・輸出」

▼

熊本県大津町の親元で独立就農

▼

就農後、自家さつまいものブランド化、GGAPの取得、アグリーシードファンドの活用、正社員雇用、海外輸出などを手掛ける

▼

2018年9月に日本農業経営大学校が主催する第1回ビジネスコンテストにおいて「最優秀賞」を受賞し賞金を運転資金に活用

の高系 14 号（作付けの 7 割）からしっとり系の紅はるか（9 割）に変更した。その際「蔵出しベニーモ」と命名して商標登録によりブランド化し、糖度 40％以上の強みをアピールしたのは彼の経営計画に沿っている。

　さつまいもは長期貯蔵すると糖度としっとり感が増すのが特長である。2016 年 4 月の熊本地震で今まで利用していた土壁の蔵が半壊したが、これを逆手に取って、より大きいキュアリング装置付き冷暖房貯蔵庫に建て直す方針を立てた。そしてアグリシードファンドに申請し 999 万円の議決権のない出資（なお自己資本は 1000 万円に増資）をアグリビジネス投資育成株式会社から得たのは大きな成果である。

　目標の生産量拡大による通年出荷も実現するため、農地も毎年 0.5ha 以上ずつ借り増して、2020 年には 9ha 規模にする見込みである。また GLOBAL GAP の認証を取得して輸出にも取り組んでいる。

　他方で健二さんは就農時に自らの名前で農地を借りて新規独立就農し、ニンニク等の別の栽培にも取り組み、また干し芋を開発して新たなビジネスの拡大を図っている。認定新規就農者として青年就農給付金を受け、リスクを取りながら、経営の要諦を自ら学んでいる。これは将来の経営合体の際に生きるであろう。今は自己の経営が主力になるが、なかせ農園から受託することで、企画だけではなく現場でも応援できる形にしている (2) （図 2-1-2）。

(5) 仙台市内で露地野菜とササニシキの栽培に取り組む相原美穂さん
　——農業をベースとしたコミュニケーションの場づくりを目指す

　大学卒業後・社会人として 5 年の経験を積み、経営大学校へ入学した 1 期生の相原美穂さんは農業領域で起業して 4 年目を迎える。卒業研究の経営計画は、人口も多く、東北最大の消費地である仙台市のメリットを活かし、生活者に「農」を身近に感じてもらう取組みを行なうとしている。両親から野菜栽培の技術を学びながら自らも独自に生産し、地域の小売店へ販売しているが、さらに、宮城県で品種改良されたササニシキを生産し、地元の酒蔵の女性後継者といっしょに「女性らしさ」を活かした日本酒の開発を企画するなど、地元の良さを生活者に知ってもらう仕掛けを展開しているのである。

そのため彼女は、両親と同じ作物である米を栽培するため、青年給付金の関係上、部門新設ではなく新規独立の形で就農した。農地 80a を本人名義で農地中間管理機構および農地法の賃借権で借りている。量販店との直接取引では、両親の経営を参考に、朝採りの露地野菜を店に納めている。また、冬には仙台伝統の「曲がりネギ」を栽培し、細いネギにも需要があるので、太さで分ける「やとい」作業に取り組むことで、付加価値を高め、収益をあげている。

　2017 年には、自らが栽培するササニシキでつくった山廃仕込みの日本酒が完成した。酒販免許も自ら取得し、イベントを企画運営し、ササニシキや山廃仕込みの良さの訴求と、コメの消費場面の拡大・多様化に貢献している。ササニシキだけでつくる日本酒はもちもち系よりは仕込みやすい。だが酒米よりは難しい。しかし味は自慢できるものである。日本酒プロジェクトのテーマを、女性らしさとは「芯のつよさとしなやかさ」と考え、ラベルデザインも友人の女性デザイナーに依頼し、それを表現したデザインにしている。

図 2-1-3　相原美穂さん

農家子弟（長女）
宮城・仙台市出身
農業系 4 年制大学卒
▼
動機は「農業という土壌を生かして、地元で生活する人たちの日常を豊かにしたい」
▼
地元の青果卸（セリ人）を経て日本農業経営大学校入学（第 1 期生）
▼
卒業時経営計画のテーマは「多角化・商品開発（自家米を使った日本酒）・販路拡大（マルシェ）」
▼
宮城県仙台市の親元で独立就農
▼
就農前(在学中)に酒蔵を探し、打合せを重ね「宮城のみんなで創る日本酒プロジェクト」の提案にまで至る
▼
現在は自家米の日本酒製造を実現しワークショップも企画、伝統野菜「曲がりネギ」等の露地栽培も手掛ける

両親の経営は、稲作15ha、ハウス20a、露地野菜1haであり、彼女は新規就農後も受託の形で支援している。現在では妹が親の経営に加わり、両親の経営も成長の方向にある。いずれは自らの事業との統合を目指すことになると考えているが、今は自らの経営を確立することが重要な仕事となっている[3]（図2-1-3）。

（6）親の経営の応援や早期に継承を行なう事例

　この他に、親元に戻り専従者として両親を見ながら技術や経営を学び、経営継承の準備をする事例も多い。その場合も受け身的に既存の経営で働くのではなく、未来の経営者として技術改良や経営内容の改善等の検討、提案、継承準備を意図的に行なっておく必要があろう。ある部門の生産や販売を任せてもらうのも一つの方法である。例えば経営大学校を卒業した群馬県出身の2期生は、実家の農業を助けているが、ハウスのトマト栽培で在学中に先進的経営の支柱建て斜め誘引式を学び、地元で主流の吊り下ろし栽培と比較検討している。また冬の時期に取り組める農業の種類を検討し通年雇用に備えている。

　親の経営を受け継ぐのは他の就農者と比べて容易なようにみられるが、経営を持続させるには絶えざる改善や改良が必要で、後継者も経営者の親と同じ目線でいろいろな工夫が求められる。なお経営継承の具体的な形は様々であり大事な研究課題であるが、まだ十分になされていない。規模の大きい法人等での経営継承の事例に基づく研究結果は次節で紹介する。

（7）自治体独自の就農支援策による親元就農・定年帰農の事例

　兵庫県豊岡市の新規就農者数は、2009年から16年までみると、12人、6、5、13、11、4、13、9人となる。そのうち雇用就農は、12年からわかるが9人、2、2、4、4人である。毎年確実に就農者を迎え入れている。

　その豊岡市で注目すべきは市予算による独自の新規就農の支援策であり、その一つが2013年に始まった豊岡農業スクールである。就農希望者を市の認定農業者連絡協議会会員の認定農業者（受け入れ農家）に派遣して、実地での研

修と座学での集合研修を受けさせる仕組みである。入校した研修生には給付金（月10万円・1年で120万円）、受け入れ農家には指導料の月2万5000円がそれぞれ支払われる。研修期間は1～3年間（原則1年間、更新により最長3年間）としている。研修の時間は週40時間を基本とすると規定されている。この仕組みを2013年度から10年間維持する計画で、公募により毎年3人の就農希望者を入校させ、合計30人の新規就農者を育てる計画である。

スクールの特徴は、新規独立就農の希望者だけではなく、「都会から息子を戻して、他所の飯を食わせる」事業として、後継者の育成・確保につながることも狙いにしていることを強調しておきたい。期待する後継者を積極的に給付金の対象にして、しかも他の先進的な経営で研修させることにより経営能力の引上げを狙っているのが特徴であり、国の準備型農業次世代人材投資資金と同じような考えであるものの、対象になる就農者を広げているのである。

実績は、2013年3名入学、うち2名は市内出身、1名は市外だがUターンの新規学卒である。卒業後は16年4月に1名は独立、他の2名は雇用であり、いずれも水稲プラス野菜の経営である。14年は2名入学、2名とも市内出身であり、15年4月に1人独立しあとの1人は親元に戻っている。水稲プラス野菜のタイプと野菜のみのタイプに分かれる。15年は3名入学だが、市内2名、市外1名であり、16年4月に1名独立、翌年の4月に独立1名、もう1名は家族の所に戻っている。16年は3名入学、翌年の4月には1名独立したが残りはまだ研修中である。2017年入学の3名も研修中である。

このようにして入校した者の総合計は14名になるが、7名が市内、市外からは7名、そのうち、5名は市外だがUターン、2名は市外のIターンである。この14名のうち6名が非農家出身である。市内出身は7名のうち1名のみが非農家出身であり、非農家出身は市外出身が多く、Uターンの1名のみが農家出身になっている。ということは、このスクールは人数的にいえば半分強が農家出身の後継者であり、後継者に能力をつけて家に戻らせることに大きく貢献しているといえよう。もっとも、非農家出身で新規就農した者も結構いる（この間卒業した者は合計9名、うち独立が5名、雇用2名、親元・家族が2名）。

なおスクールの採用の条件は、市外出身でも研修開始日には市内在住者または転入者（原則45歳未満）であるとして、市内での独立就農または雇用就農を目指し、環境創造型農業等に取り組む意欲のある人に限定しているので、就

農はすべて市内の農業に限定される。

　これに加え、豊岡市の独自の支援策に、若手農家支援事業として、園芸用ハウス整備の費用4分の3以内（上限300万円）の助成がある。資材購入費と施工費を対象に、耐用年数が10年以上のものに支出する。対象者は認定新規就農者ないし豊岡農業スクールの卒業生としている。さらに農業用機械整備費助成があり、減価償却の対象となる農業用機械等について導入費用2分の1以内（上限300万円）の助成がある。これは認定新規就農者、豊岡スクールの卒業生のうち、農地や農業資産等を独自に入手した新規参入者等、としている。

　なおこの2つの助成はどちらかのみであり、また同1人は1回の申請のみとしている。しかしこれらは、就農者にとってかなり有利な助成だといえよう。

　これらの市独自の予算は、スクールに1000万円以上、若手農家支援事業に1400万〜1700万円が、毎年、設定されているようである。また若手農家家賃支援事業もあり、市内にある民間賃貸住宅の月額家賃の半分を支援する（上限2万円）。

　定年帰農では神山安雄氏の著書が大いに参考になる[1]。ただし本のタイトルがそうなっているように、定年を機会に非農業からの新たな就農事例が多く、新規就農のIターンの事例であり、実家への定年により戻って就農した事例だけではない。また実家に戻る場合も、妻の実家への帰農・就農のケースもあり、また親の農業を助けつつ民宿などを取り入れるなど、新しい取組みも含まれている。むしろ中山間地域の農事組合法人など、それに参加している実家に戻り、法人の組合員になったり、法人幹部になって能力を発揮するなどの事例紹介のほうが多いかもしれない。

　また『現代農業』2016年1月号は新規就農者を育てるノウハウとして社会人からの転職の事例を扱っているが、ここにも実家への帰農の事例が含まれている。また少し古いが同じ『現代農業』1985年7月号には、定年帰農①として、「元自衛隊のパイロット、操縦かんをクワに握りかえる―水俣市・坂本龍紅」の事例が載り、それ以降の展開も同誌に紹介されている。定年になる10年前から実家にときどき戻って放棄地を開墾し、定年後の就農に備えている事例である。定年帰農後には、農業委員や町内会の会長など、地域に定着した活動経過が述べられている。

　なお定年帰農者の支援の事例は自治体のなかで始まっているが、ここでは長

野県富士見町の事例を参考に「注」で紹介しておきたい。[(4)]

(8) 第三者による農業企業の継承

　親元就農そのものではないので、この章での説明が適切かどうかは不明だが、雇用者をもつ農業企業で現経営者の子弟や関係者に後を継ぐ者が全くいない場合、従業員のなかから能力と意欲がある者を経営者に引き上げ、企業の継続を図ろうとする事例が出てきているので対象としたい。

　農業企業を、まるごと、他社や他産業の企業に売却し継続する事例もありうるが、これとは異なり、ここではその企業で働いている者を経営者にして企業存続を図る点で身内に近いという意味があり、親元就農に関わるこの第2章で補足的に説明しておきたい。

　なお第三者継承による新規独立就農のケースは第3章でなされるが、ここで述べているケースは法人に限られる。それも企業売却のようにビジネスとしての譲渡による継承でもなく、さらにはM＆A（合併や買収）による継承でもない。

　農場をよく知っている従業員を経営者に引き上げ、そのものに一定の出資や負担を求めつつも、本人も企業の存続も可能なように、経営からリタイアする既存経営者・出資者は大きな資本相当額を後継者に求めないということを、ここでは含意している。今までの出資者が大きなリタイア資金を求めれば残った経営は成立しないし、また引き受ける人もいない。すなわち、農業企業を取り巻く今の環境からいえば、ビジネスとしての企業売却は難しいことをリタイアする既存経営者もよく知っているし、それを強引に求めれば後を継ぐ者が出てこないこともわかっている。

　具体的に事例を紹介しよう。

　北海道の稲作地帯だが、すでにそうした事例が出ている。

　1970年代に設立された農事組合法人だが、ここに夫婦で2年間研修しその後構成員となった者が、2010年代に農事組合法人を株式会社に変更し、その時点で経営者になり経営を継続した事例である。

　ここでは、当初の組合を創設しその後は経営の発展に貢献したどの家にも後継者がいないので順次離農し、この夫婦と従来の雇用者で経営を継続することを計画したのである。離農する構成員には、経営面積65haのうちの法人所有

が半分なので残りの構成員所有の農地を法人で買い上げ、これを原資としてリタイア資金とした。幸いに農事組合法人には運転資金として営農貯金が必要な額以上にあり、またあとを引き受けた夫婦も出資に必要な額を用意していたので、金融機関の信用もあり、借入れが可能になって経営が継続できたのである。この場合、リタイアする構成員には、組合を解散させて残りの資金をすべて配分するほどの額にはならないが、それなりの資金を得ることができ、他方、名前を残しての経営体の存続が可能になった。

　この事例を下敷きに、後継者がいないことを理由にした経営の解散ではなく、稲作経営の存続を考える事例が出てきている。ある有限会社だが、先の事例とほぼ同規模であるものの、法人所有の面積が大きく、リタイアする出資者への買い上げ農地面積は少ないために、やめる人へどの程度のリタイア資金にするか、検討すべき課題になっている。しかも借入金額も大きく、担保になる農地面積は大きいものの、支払資金としてさらなる借入金が可能かどうかである。また雇用者を経営者に引き上げるために出資金が最低300万円は必要だが、彼が金融機関の信用力を得られるか、さらには法人の現在の営農貯金の大きさが十分にあるか、気がかりなところである。しかし法人の場合は個人事業の継承と違い、残る法人が法人として借入れができるという、やめる人への資金捻出の方法があることは心強い。継承する個人の資金力にすべて依存するのとは異なる。

　安定した経営継承には、アグリビジネス投資育成会社等から出資を受けて自己資本を強化する方法も使いながら、経営の継承・離農する出資者へのそれなりのリタイア資金を法人が払えるか、またその後に経営が順調に展開できるか、そのための慎重な資金計画や経営計画が望まれるところである。また非上場の中小企業（農業も株式会社であれば対象）の経営継承を促すために、この10年間内での後継者への移譲である場合、経営承継円滑化法による贈与税納税猶予・免除の仕組みができた。しかし、贈与税が発生するくらいの資産価額であれば有効だが、農業のようにそうした資産が少ない場合、メリットは弱い。第三者を含めた継承を進める税制や支援策が農業にはさらに求められるように思われる。

注
1　村山さんの例は『現代農業』2018年8月号、堀口「新規就農の経営実態を追う

(上)・『親元就農』の新しい形」が初出である。
2 中瀬さんの例は、注1の『現代農業』と同じ。
3 相原さんの例は、注1の『現代農業』と同じ。
4 長野県富士見町の事例は、2018年11月3日の同町のサイトより。以下引用。
「新たに定年帰農者の支援を始めました！」～新規就農者支援事業・定年帰農者支援補助金～平均寿命が年々延び、男女ともに80歳を超える中で、定年後も元気に働く人が増えています。町では、定年後に富士見町に戻り、所有する農地や機械を活用して第二の人生として新たに農業を始め、農地の遊休化防止や担い手不足の解消などの地域農業に貢献し、心身ともに健康な生活を送る方の支援を始めました。今年定年を迎えて農業を始めた方やこれから定年を迎えるにあたり、農業を始めることを検討されている方は、産業課営農推進係にご相談下さい。■支援額　月額4万円以内（支援期間は1年間です。総支援額は48万円以内となります）■支援の「要件」は、申請時点で次のいずれにも該当する方です。(1) 定年退職後1年以内の方かつ認定農業者の認定を受けた方。(2) 年齢が66歳未満の方。(3) 町内に住所がある方。(4) 5年以上、町内で営農を継続する方。(5) 町が賦課する町税及び料金の滞納がない方。

参考文献

[1] 神山安雄『定年就農　小さな農でつかむ生きがいと収入』2016年、素朴社

2 経営継承の実態と課題

(1) 農業における経営継承対策の意義

　少子高齢化社会のもとで、農業労働力の高齢化に伴う離農が急速に進展している。このような事態は、一つは、農業への新規参入者をいかに確保していくかが急務の課題となることを意味するが、同時に、後継者がいる農業経営においては、世代交替をどのように進めていけばいいか、換言すれば、円滑な経営継承に向けた対応が重要な問題となることを示唆している。

　経営継承対策は、農業においてはこれまで、必ずしも明示的に取り上げられてこなかった。これは、家族経営が大宗を占める農業では、経営継承は家族員のライフサイクルに沿って自然に進められるとともに、そこで課題となる事業資産の移譲等も、家産の相続という大きな枠組みの中で処理されてきたことが

影響していよう。

　しかし、今日の専業的な家族経営では、規模拡大や多角化を通して事業規模が飛躍的に大きくなり、これまでのような時間的経過に委ねる世代交替ではなく、後継者の能力養成を含む計画的な経営継承対策を行なうことが不可避となってきている。また、組織法人経営など非家族型の継承となる場合には、後継者の選定や、世代交替に向けた社内の組織体制の整備、株式の移譲など、家族経営では要請されなかった新たな事項への対応も必要となる。この点では、今日の専業経営においては、早い段階から目的意識的な継承対策を実施し、そのもとで円滑な経営資源の受け渡しを進めていく必要がある。ただ、そのような農業における経営継承対策に対する知見はまだ少なく、その進め方や留意事項等に関する情報も十分共有されてはいない。

　このような問題意識から、本節では、筆者がこれまで経営継承対策に関わってきた3つの農業法人（家族経営1事例、組織経営2事例）を対象に、それらの経営継承過程の実態や、そこで実施された様々な継承対策等の内容や特徴を紹介することを通して、農業における円滑な経営継承に向けた取組みの進め方等を考察する。

（2）大規模水田作家族経営における継承対策

　A経営は、家族労働力を基幹として、水稲作を中心に約50ha規模の経営を展開している大規模水田作経営である。法人格をもち、また、雇用労働力も導入しているが、企業形態としては家族経営に属する。そのなかで、以下に述べるように、計画的な継承対策を進めてきたという点に特色がある。

　経営者（A氏）は、2004年ころより経営継承対策の必要性を感じてきていた。[1]当時、A氏は53歳、また、後継者は大学に在学中であり、世代交替が差し迫った状況にはなかった。しかし、そのころ、A経営が所在する地域の大規模経営において経営者が急逝する事案が相次いで生じ、長年の経験によって蓄積された篤農技術が消失する、あるいは、残された者（妻）が自経営の関係書類がどこにあるかもわからないといった状況が生じるのを見て、早い段階から継承対策を実施していくことの必要性を痛感したことがある。また、A氏も父の急な死去により30歳代前半で大規模経営を継承せざるを得なかったと

いう経験があり、そのことも計画的な継承対策を重視する要因となったと思われる。

このような問題意識のもとで経営継承に向けた対応が検討されることになったが、その前提として、まずは後継者が確保できなければならない。この点は家族経営であっても重要な論点としてあるのであり、後継者の対象は基本的に家族に限定されるが、しかし、息子、あるいは娘が自経営に就職するとは限らない。この点について A 氏は、当時、「（自経営の農業は）いい仕事だと思っているが、（後継者に）いい仕事と思われているかは自信がない」「作業をする人は来てくれると思うが、経営者となるとどうか」「この地で、少なくとも次の代まで農業をしてほしい」「そのような想いをもった人というと身内を考えてしまう。息子以外の人が経営者として入る可能性をつくる努力をしなかったことは確かである」「（息子には）若干、お願いと強制感も含めて、やってほしいと言うつもり」というようなことを述べている。強い期待を伴った投げかけが、経営者（父）から後継者（息子）に届けられたといっていいだろう。

後継者は、当時、大学で勉強していたが、卒業後、A 経営に就職することとなった。なお A 氏は、当初、就農前研修のような位置づけで、他産業（異業種）で働く経験をもたせるのがいいか悩んでいたが、すでに多くの農作業を後継者に任せざるを得ない状況にあったことや、自経営で経験を積んだほうが

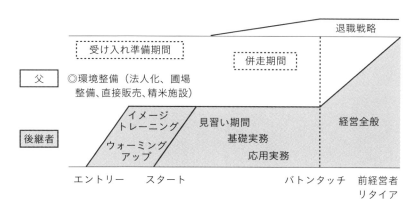

図 2-2-1　A 経営の経営継承計画

注：A 経営で作成された継承計画を引用。なお、10 年くらいでのバトンタッチが予定されている。

いいという判断から、卒業後、すぐにA経営に就職することとなった。

なおA経営では、入社試験として「わがA農場を選んだ理由」の記述を求めるとともに、給与等については、口頭ではなく覚書として文書化して示している。また、A氏は後継者への働きかけとして、①給与は年齢と同じほど出す、②30歳代のうちに社長を交替する、③当農場には多数の農地委託者や米

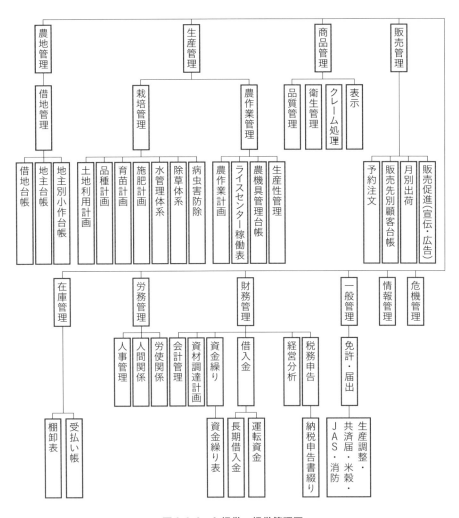

図 2-2-2　A経営の経営管理図

注：A経営資料より引用。なお、原図は横長の図となっているが、ここでは紙面の都合上、上下の位置に配置している。

を届けているお客様、取引先があるが、その人たちも入社を期待しているといったことを伝えている。そして、後継者も、入社を決意した理由として「この農場を経営することに『やりがい』を感じたことに尽きる」「委託者やお客さん、仲間、関係機関の人たちの当農場に対する眼や思いも、就農に踏み切る大きな材料となった」と述べている。

　A氏は、経営継承を進めるに当たって、継承計画として図 2-2-1 に示す内容の計画を設定し、対策を進めていくこととした。また、その際は、図 2-2-2 に示すように経営管理として実施すべき項目を洗い出し、それぞれの管理事項を計画的に後継者に受け渡していくことを心がけた。一方、後継者に対しては表 2-2-1 に示す OJT メニューが示され、後継者はこれらを参考に能力養成に取り組むこととなった。

　就農以降、経営者交替までの後継者の年次ごとの活動経過とその特徴を示したものが表 2-2-2 である。ここでは主に、技術習得や担当部門、外部対応、学習・資格といった観点から活動内容を整理したが、その要点は以下のとおりである。

　まず、表に示すように、①定形的な作業を経て、順次、植代かきや圃場均平など経験を要する作業を実施し、②新たな作業分担（2 年目の大豆播種など）や、③勉強会、交流会、視察などへ積極的に参加するとともに、④ 3 年目ごろから商談会への出席や営業活動も行なうようになる。そして、2010 年ころになると経営運営の中核を担うようになり、⑤作業の段取りや、⑥外部組織の役員就任と経営外の活動への参加、⑦農産物検査員やフードアナリストなどの資格取得、⑧農外企業の経営者の講演会参加、⑨経営計画策定やマニュアル作成など、経営全体に関わる多面的な取組みを実施するといった順序でスキルアッ

表 2-2-1　A 経営における OJT のメニュー

トレーニング項目	トレーニング方法	摘要
A. 基礎知識	教科書、ネット	農文協、実教
B. 基本技術（技能）	実地訓練	栽培技術、農作業管理、農機具操作
C. 各種免許、資格	講習会受講	大型特殊、ラジコンヘリ、危険物取扱
D. 経営管理	実務、講習会、書籍	簿記講習、営業活動、各種管理台帳
E. 経営理念、経営方針	社内ミーティング	
F. 経営者能力	実務、各種セミナー	法人協会、アグリファンド

注：A 経営資料より引用。

表 2-2-2 　後継者への能力養成対策と就農後の取組み

年次	継承計画として設定された事項				継承過程での後継者の取組み			
	段階設定	後継者年齢	社内の地位	トレーニング内容（能力養成）	技能習得	担当部門	外部対応	学習・資格
2006年	初期	23	社員	基礎知識　基本技能　経営管理	田植の例　単独走行→圃場内直進→田植（大きい圃場）→田植（小さい圃場）	機械作業　配達（商品、現物小作料）　大豆播種　粗代	商談会参加　ホームページ開設　営業活動　小学生の食農での説明	視察（東京）　勉強会参加　交流会参加　大型免許を取得　農産物検査員資格　県内の経営視察　セミナー発表　視察相手への対応　フォークリフト免許
2007年		24						
2008年		25						
2009年	中期	26	役員就任・取締役	応用技能　意思決定入門　経営戦略入門　経営者マインド入門	植代一部施肥（追肥）　圃場均平作業	作業の段取り（一部）　作業の段取り　経営計画策定　朝礼開始。作業マニュアル作成。ビジネスプラン検討	商談会（東京）　共同店舗出店	アグリビジネス道場　学会支部例会にて発表　県中小企業家同友会入会　フードアナリスト資格取得
2010年		27						
2011年		28						
2012年	後期	29	専務取締役	社長業務代行　対外的交渉・交流　財務　経営戦略ステップアップ　経営者マインドステップアップ		ネット販売開売		県中小企業家同友会において経営指針講座を受講
2013年		30				厚生年金加入	農商工連携事業計画の開発・製造・販売事業に参加	
2014年		31					小集団活動、改善提案開始	

注：A経営資料および経営者、後継者への聞き取りにより作成。なお、本表は取組みの概要を模式的に示したものであり、実施時期は年次と厳密には一致しないものもある。

プを図ってきている。

　なお、会社での役職として、当初、表2-2-2の左欄に示すような計画が設定されていたが、実際上も、2009年には取締役、2012年には専務取締役として後継者を処遇するとともに、それらの役職に就くのに合わせて、後継者による独自の取組みとしてのネット販売や新たな商品企画、さらに、小集団活動といった活動を推進してきた。

　以上の一連の取組みを経て、2018年1月に経営者交替が行なわれた。仮に、継承対策としての特段の取組みがなかったとしても、経営者の交替は生じたかもしれない。また、経営継承の評価を経済的な数値で表現することは難しく、この点で、A経営で取り組まれた対策の適否を示すことは困難である。しかし、継承対策として、とくに後継者の能力養成を中心に、A経営において計画的、目的意識的な取組みがなされたことは確かであり、また、その結果として円滑な世代交替が図られたことは明らかなのである。

(3) 非農家子弟を多く雇用する組織法人経営における継承対策

　(3) および (4) では、家族経営ではない、いわゆる組織法人における非家族型継承対策の実態や特徴を紹介する。

　B経営は、100haを超える経営面積のもとで水稲や野菜類の生産を行なうとともに、農産加工や直売、レストラン開設など多角的な事業展開を図っている大規模法人経営である。この経営は、2007年に現在の社長に交替しており、継承後すでに11年を経過しているが、ここでは、その前の2004年から07年にかけて取り組まれたこの経営での継承対策を中心に、前社長（B氏）に対する聞き取り調査結果からその概要について述べることとしたい。

　当時と現在とでは経営内容や従事者数は異なっているが、経営としての基本的な特徴は変わらない。B経営は、もともとは4戸の農家により組織された任意組合を出発点としており、その後、農事組合法人、有限会社、そして現在の株式会社へと組織形態を変化させてきた。そして、この間（株式会社に移行するまで）、B氏が、この経営の代表者として経営運営を担ってきた。

　B氏によれば、かなり早い段階（調査時点の約10年前）から継承対策について考えてきたとのことであるが、それが具体化してくるのは、2000年を過

ぎてからである。2004年当時、すでに現社長は専務として実質的に会社運営の中核を担っていた。したがって、代表取締役の交替という点では準備は終了していたともいえる。しかし、B氏は、社長1人ではなく、経営陣として複数の役員を決める必要があると考えており、それら役員の選定と彼らへの経営権の移譲を図っていくことが、B氏にとっての経営継承対策としての主要な課題となった。

　複数の役員が必要と考えた理由は、まず、すでに大規模経営として多角的な事業展開を図っていたなかで、社長1人ですべての事案に対応していくことはできないと判断されたことがある。また、複数の役員体制とすることで、意欲と能力のある者に対して役員登用の道があることを社員に示すという意図もあったと思われる。B経営は、前述したように農家4戸の集まりである任意組織からスタートしたが、その後、規模拡大や多角化を進めるなかで、多くの従業員を採用してきた。その場合、採用者に地域の農家子弟は少なく、大半は、県外も含め非農家出身者であった。なかには短期間に離職していく者もいたが、一方では、目的意識をもって入社し、長く会社に勤める者も出てきていた。

　それまでの有限会社における役員は全て創業者である。また、当時、専務として業務を行なっていた現社長も県外の農外企業で働いていた者であり、農家子弟ではないが、B氏とは家族の関係にあり、この点では、専務のみでは、同じ家族の中での経営者の交替という位置づけになる。このような背景のなかで、今回の世代交替は、創業者世代から次の世代への継承という意味合いをもっていたが、その際に、いわゆる創業者の家族員以外の者、すなわち、オーナーの家族以外にも経営参画の道があることを示すという点で、複数の人員からなる役員体制とすることが適当と考えられた。

　なお、従業員に広く役員登用の道を開くという点では、企業形態として有限会社から株式会社に移行することも大きな意味があった。それは、株式会社は、基本概念として所有と経営は分離されることから、株式は当面、創業者が保有するとしても、経営運営については新しい役員に委ねる体制とすることが制度上可能と考えられたからである。

　また、組織変更に当たっては、新たな会社法が施行され、有限会社という制度が廃止されるとともに、有限会社から株式会社への移行は商号変更という手

続きで実施可能となったことも影響している。このB経営では、かつて、農事組合法人から有限会社に移行する際に多額の贈与税を納付しており、今回の組織変更も税負担が大きな懸念材料であったが、その問題が発生しなかったことも、株式会社への移行を促進した要因であった。

　広く役員登用の道を開くことは、誰を役員に選ぶかという問題とも密接に関連する。B氏は、役員としてふさわしいと考える資質として、リーダーシップはもとより、会社全体を見ることができる能力を重視していた。一方、B経営は多角的な事業展開を図ってきているとはいえ、これまでの間、いわばファミリー的な性格を残しつつ経営は運営されてきており、経営継承に当たっても、他の創業者やその家族、さらには、社員の意向にも十分注意を払う必要があった。これは、経営の性格がこれまでのファミリー経営から非家族型の企業的な組織に移行していく時期にあったということも影響しており、そして、そこでは、役員交替の仕組みも役員の家族内での継承にこだわらない、非農家子弟など外部からの参入者にも役員登用の道を確保していくことを社員に明確に示すという意図もあったと思われる。

　なお、そこで進められた新役員の任用においては、入社後の年数がそれほど多くない者も含まれている。このことは、必ずしも社内にキャリアパスを構築したうえでの役員交替ではなかったことを意味する。創業者世代と、それ以外の今回登用を図ろうとした新任の役員層には30歳近い年齢差があり、また、彼らが一定の年数をかけて経験を積んだ後に役員になる時間的余裕がなかったことも影響したと思われる。ただし、このようなキャリアパスの構築についてB氏は、今後は必要であるとしている。

　また、今回の継承に当たっては、創業者世代の引退をどのように進めていくかも課題となった。当然ながら、引退する役員の生活保障も考える必要があるからである。そのため、B氏は、役員の退職年齢を設定するとともに、退任した役員は非常勤の処遇とし、年金も考慮したうえでの非常勤手当てを設け、それぞれが得意とする業務に引き続き従事していくこととした。また、その際、株式についてはそのまま残すこととし、今後、新たに役員となる者が資金的な蓄積を図ったうえで、それらを買い取っていくこととしている。

(4) 有志型組織法人経営における経営継承過程

本項では、前項と同じく家族経営ではない有志型のグループが有限会社（現在は特例有限会社）として展開するなかで世代交替期を迎えた法人経営（C経営）を対象に、そこでの経営継承経過における取組みの実態を紹介する。

C経営は、経営面積約70ha、従業員数14名の大規模経営である。この経営の代表（C氏）は、前述したB氏に早い段階からの継承対策の必要性を指摘されるなかで、その具体的な進め方に関する情報を求めていた。これに対して筆者らは、法人経営の継承対策に関する留意点や手順として表2-2-3および表2-2-4に示す資料を取りまとめており、そのため、2011年にこれらの資料をC氏に提示し、C経営ではそれらを参考に継承対策に取り組むこととなった。

その後の継承対策の経過は表2-2-5に示すとおりである。まず、この経営では、事業継承懇談会として、法人の役員（代表および取締役2名）、顧問会計事務所、指導機関の担当者、研究者（筆者ら）というメンバーからなる検討組織を形成し、以降、定期的に懇談会を開催しつつ具体的な取組みを進めた。また、表に示すように重要な決定を行なうときには社員説明会等を開催し、社員の理解を得つつ対策を進めた。

この事例の特徴点の第一は、継承対策と同時に中期経営計画の検討を進めたことにある。これは、経営継承は、自分たちの経営を今後どのような方向に展開させていくかということと密接に関わるテーマであり、その方向性が見えないと、次の世代が経営を担ううえでの共通理解が得られないからである。また、当時、すでに計画されていた規模拡大が予定どおりに進まず、さらに、農産物価格の下落から経営の収益性が低下傾向にあったという点も、中期計画の見直しを必要とした。そして、社内での議論を経て、「適正な労働配分のもとに集約作物の導入と農産加工、販売力の強化を図り、経営の多角化を進めること」や、「売上の拡大と同時に、利益の上がる体質とする」として対応方針が決定された。その際、経営継承と関わってはとくに、社員からの具体的な経営改善に関わる提案を引き出していくことが重視された。

また、このような中期経営計画の検討と併せて、社内の組織体制の再編も進められた。これは、それまでは、実質的には作業遂行のためのグループ体制となっており、各グループにはそれぞれ代表から直接指示が出される状況にあっ

たからである。そのため、代表以外の者は経営全体をみる体制になく、したがって、次の代表、あるいは役員の候補も経営者として求められる機能・能力が十分確保し得ていないという問題があった。

さらに、組織体制としても、生産や加工などそれぞれの部門に加えて、リーダー会議という場を設けて、経営運営のあり方や方向を議論するようにするとともに、取締役、チームリーダー、サブリーダーなどの職務に対応させて職務内容、権限、責任、報酬等を設定することとした。そして、これらの仕組みの構築を通して、現在の役員層に続く世代、とくに若手の社員に対するキャリアパスの形成を進めるとともに、次の役員候補をそれらの役職に配置することなどを通して、後継者（次の役員候補者）の確保を図った。

なお、後継者として家族員がほぼ自動的にその対象となる家族経営に対して、非家族型の組織経営ではそれらが自明のこととはならない。また、そのなかで、事業規模の大きい経営などでは、役員になることを固辞する者も生じかねない。この点では、組織経営ではとくに、経営者となる覚悟をもつ者を得ていくことが重要であり、このような組織体制の再編とキャリアパスの構築は、そのような経営者としての覚悟を引き出していくという点でも有効であったといえる。

以上の過程を経て、次の役員候補者が明確になってくるなかで、それらの者の登用を進めていく一つの手続きとして、株式の移譲方法に関する検討が進められた。なお、前項のＢ経営では、旧役員はしばらくの間、自分の株式の保有を継続することとしたが、このＣ経営では、役員交代に当たって株式移譲の考え方をまず整理し、それに沿って株式の移譲を図っていくこととした。

株式移譲の考え方（案）は何度か修正が加えられたが、最終的に表2-2-6に示す内容の方針が策定され、社員を対象とした説明会を開催するとともに、これらをもとに株式取得への公募がなされた。そして、旧役員の株式を中心に、次の代表となる者、および新たに取締役となる者がそれらを取得するという方式で、役員交替に関わる株式の移譲がなされた。

なお、これらの株式の移譲に当たっては、株式の価格は額面とされたが、新たに役員となる者はすぐにそれらを買い取るだけの資金的な蓄積がなかったことから、給与からの積立てを行なうとともに、数年をかけてこれらの株式の取得代金を支払っていくこととされた。

表 2-2-3　法人経営における継承対策の考え方と留意点

1. 経営継承対策の意義
- 経営にとって、継承が円滑に進むかどうかは、組織の成長・発展を規定する最も基本的な要因
- 後継者の確保・養成は、経営者が自らの仕事として取り組むべき最も重要な課題
- 農業経営は、雇用型の法人経営や共同経営であっても従業員（社員）は大会社のようには多くなく、経営展開はライフサイクルに大きな影響を受ける
- 継承対策は、ある一時点で完結するものではなく、一定年数に渡る継承過程として捉え、早い段階から取り組むことが重要

2. 経営理念と経営方針の再確認
1) 経営者の交代は、経営展開に当たって最も大きな節目
- 継承に当たっては、これまでの経営理念や、特に、今後の経営方針を再度確認することが重要
- 労働力数の限られる農業経営では、世代交代に伴い労働組織の再編も図らざるを得ない。このことは経営展開の方向にも影響
- 経営継承に対応した経営の再編や経営理念の変更も場合によっては検討が必要

2) 経営方針と会社の構成
- 経営方針に応じて、どのような会社の構成（機関設計）にするのが望ましいのかについての考え方も変わる
- 経営陣として何名の役員（取締役）を設けるかなど機関設計も重要。例えば、1人にするか、あるいは3名程度とするか。社員の世代構成も影響
- 経営の進むべき方向をまず確認したうえで、経営継承の方向や進め方を決定することが重要

3. 会社形態の選択と経営継承
- 会社法改正に伴い、特例有限会社のままでいるか、商号変更して株式会社になるか、いずれかを選択することになる
- 特例有限会社は、基本的に、出資者が経営権を持つ、いわば、所有と経営が一致する会社
- 経営戦略の方向に沿ってそれに適した経営者を確保していくという考え方からは、株式会社は様々な工夫を行なっていくことができる組織

4. 後継者の選定とキャリア形成
1) 後継者の有無の確認
- 継承対策を実施するに当たっては、後継経営者候補がいることが前提。後継者が確保できない場合には、早期に、第三者継承、合併、M＆A、売却などの方策を検討すべき
- 後継者の選定に当たっては、経営者としてふさわしいかどうかを判断。経営理念との適合性、判断力や意思決定能力など、経営者としての能力の有無を確認する

2) 経営者の育成
- 経営者、マネージャーの育成に向けたキャリアパスを構築する必要がある。特に、労働組織の限られた農業法人でいかにキャリア形成を図るか。社内の組織体制の工夫も必要

3) コミュニケーション
- 新しい体制にしていくためには、社員とのコミュニケーションは特に重要
- 必要な情報がきちんと伝わらないと、コミュニケーションリスクが増加する。そのような危険を未然に回避していくことが重要

5. 経営者の交代に当たって考えるべきこと
 1）引退戦略の策定
 ・旧経営陣の引退の仕方、引退の時期をまず決めておくことが重要。そうしないと、計画的な経営継承はできない
 ・引退にあたっては、退職の手続きとして、退職金の準備や、引退する人の退職後の役割、その人への経済的な保証なども重要
 ・引退する方が長年蓄積してきた知識・ノウハウを無駄にしない取組みが不可欠となる
 ・経営資産の移譲に関わる実務的な問題として、旧役員の出資金、あるいは株式の引き継ぎ方を事前に決めておくことが求められる
 2）引退に併せた無形資源（知識・ノウハウ・信用など）の受け渡し
 ・引退に合わせて、経営のノウハウなど無形資源の引き継ぎを意識的に行なう
 ・具体的には、知識、ノウハウ、信用、地域とのつながり、顧客・取引先・関係機関などとの関係を、経営者の仕事として、どのように受け渡していくかを考えておくことが重要

注：本表は、C経営が継承対策を進めるに当たって筆者らがC氏に提示したものである。なお、同様の内容の資料は、文中のB経営に対しても示している。なお、紙面の制約から一部を割愛している。

表 2-2-4　経営継承対策の手順

段階	項目	検討事項・留意点
第一段階：経営計画の策定と組織体制の整備	経営理念の確認	経営理念の具体化
	中期経営計画の作成	通常は、経営収支や資金繰りに加え、労働配分や作業面での可能性も含めて計画案を検討
	社内の組織体制の整備	責任および権限の委譲を考慮した組織体制の構築
第二段階：後継者の能力養成（キャリアパスの整備）	後継者の能力養成	機械作業や事務的な作業から徐々に戦略的な領域を担当。ただし、養成期間、能力によっては同時併行で実施
	能力養成のステップ	1〜2年：生産技術など基礎的領域のノウハウ習得 3〜4年：マネージャーとしての管理や顧客対応 5〜6年：企画・総務・販売部門のマネージャーを担当 7年目以降：部長など特定の領域（事業部門）を担当
	後継経営者の選定・決定	後継者としての適性（統率力、意思疎通能力、視野の広さ、忍耐力、行動力、柔軟性、経営の実務能力、協調力、交渉力、決断力など）の見極め
第三段階：後継経営者の選定と経営者の交代	継承に向けた合意形成	社内の合意形成に向けた取組み
	経営者交代	後継者の役員登用や経営陣の確定と代表権の委譲
	事業資産の移譲	相続権者の確認。現経営陣の株式や所有する有形資源のリストアップ。株式等の相続
	現経営陣の引退	現経営陣の引退後の処遇の確定。地域や関係機関との信頼の確保・継続

注：本表はC経営が継承対策を進めるに当たってC氏に提示したものである。なお、この表をもとにC経営の具体的な方針がC氏により代表私案として作成され、それに沿った対策が進められた。

表 2-2-5　C経営における経営継承対策の経過

年	月	取組み・会議名等	検討・決定事項	経営継承対策としての位置づけ
2011	11	第1回事業継承懇談会	事業継承懇談会の設立とメンバー。今後の中期経営計画の見直し	計画的な継承に向けた検討体制の整備
2012	2	第2回事業継承懇談会	経営理念・中期経営計画の検討。現状の組織体制の確認	経営理念・経営計画の見直しとキャリアパス整備への検討開始
2012	3	第3回事業継承懇談会	組織体制案の提示と検討。役員で再協議し、社員説明を経て翌3月実施を目標とする	経営計画の見直し、キャリアパス整備のための検討
2012	7	中期経営計画と経営継承についての検討会	中期経営計画についての意見交換、組織体制の提案	社員も含めた情報共有・意見交換
2012	11	第5回中期計画と経営継承についての検討会	組織体制、経営継承手順についての検討	経営計画の見直し、キャリアパス整備のための検討
2013	2	中期経営計画の見直し検討会および社員説明会	リーダー・サブリーダーの配置。リーダー会議設置。職位別の業務・権限・責任・報酬を設定	キャリアパスを内包した新組織体制への社内合意形成
2013	7	平成25年度中期経営計画検討会	中期経営計画見直し検討（経営理念、目標面積、他作物導入）	今後の経営展開の方向性を検討・確認
2014	4	出資社員総会（定例総会）	予算審議、専務取締役の設置、取締役1人増、事業企画スタッフの配置、役員報酬決定	次期経営者および経営陣（候補者）の選定・処遇と組織体制変更
2014	7	平成26年度中期経営計画検討会	中期計画を引き続き検討。社員への出資の呼びかけ	組織体制整備を推進。株式の移譲に向けた準備開始
2015	4	定例株主総会	決算・予算審議。人事異動。株式移譲の検討	株式移譲について検討
2015	7	役員会	株式の移譲に関する方針を検討	株式の移譲に関する方針決定
2016	1	中期経営計画と経営継承についての検討会	経営改善方策・株式の移譲について意見交換	株式の移譲に関する社内合意形成
2016	2	株式の移譲、取得に関する公募	取締役1名、社員から5名が応募。取締役以外は分割希望のため給与天引き	株式の移譲に向けた具体的対応を実施
2016	2	臨時株主総会	株式移譲の報告。取締役1名退任、新たに1名選出（業務執行取締役へ）	経営陣の交代局面に入る
2016	9	役員会・臨時株主総会	社長の退任。取締役が社長へ	経営者交代

注：C経営資料および聞き取り調査に基づき作成。

表 2-2-6　株式移譲に関する基本方針

1. 株式は、原則として次代の会社運営に対して責任と貢献を果たそうとする意欲を持つ者が保有する。ただし、会社の承認が必要。
2. 自らが所有する株式は、役員経験者は退任したらできるだけ早い時期に、従業員は退職時に移譲する。なお、希望があれば総株式数の5％以内を残すことができる。
3. 将来の経営を役員として担おうとする者は、総株式数の過半以上を経営陣が所有するという考え方のもとに、1人当たりの持分は総株式数を役員数で除した株式の所有を目標とする。
4. 代表権を持つ者は、総株式数の5分の1以上を目標とする。
5. 株式の移譲・買い取りは、原則的には一括納入とする。ただし、役員の株式については、複数年に分けて実施していくことも可とする。
6. 1株当たりの価格は額面とする。

注：本表はC経営で取りまとめられた株式移譲に関する基本方針の一部を示したものである。

　以上の経過を経て代表取締役を含む役員の交替が図られたが、このことは、旧役員にとっては会社からの引退を意味する。ただし、全て会社から離れることは、心情的にも、また、経済的にも課題が残ることから、株式の一部は保有を継続して会社への関与は残すとともに、会社の作業にも従事し、非常勤としての手当てを支給することとしている。

(5) おわりに

　以上、3つの法人における経営継承の事例を紹介したが、継承対策の進め方は様々であり、継承対策について一定の手順として定型的に整理していくことは困難である。この点では、継承対策の支援に当たっても個別具体的にならざるを得ないという問題は残る。しかし、上記の事例からいえることは、継承対策は早い段階から計画的に進めていくことが重要であり、また、継承対策の進展に合わせて、後継者の選定・確保、組織体制の再編やキャリアパスの構築、後継者の能力養成と経営者機能の獲得、株式の移譲や旧役員の引退への対応など様々な事項への検討が必要となるということである。この点は、家族経営であっても、また組織経営においても、事業規模が大きくなるなかで円滑な世代交代を行ないつつ経営の維持、発展を図ろうとすれば、同様に求められることである。

　加えて、このような継承対策は、当然ながら、将来どのような経営を目指し

ていくのかという経営のあり方とも密接に関連する。この点では、経営継承対策は、今後の農業経営の方向性を大きく規定していく取組みともいえるのである。

注

1　A経営では、2018年1月に代表取締役の交替があり、それまでの経営者（父）は会長となり、後継者（息子）が代表（社長）となったが、ここではそれまでの継承過程を記載する関係上、父を経営者、息子を後継者と表記する。

第3章 新規独立就農の多様なあり方と支援の仕組み

1 多様な新規独立就農と支える組織

（1）新規独立就農支援の現状

　農林水産省の「新規就農者調査」によれば、新規就農者はおおむね年間5万～6万人台で推移している。その内訳を見ると、このうち6～7割は、50歳以上の新規自営農業就農者、つまり定年後など高齢になってから実家に戻り就農する層である。しかし、49歳以下の新規就農者について見ると、非農家出身で自分で独立して農業を始める新規参入者や、農業法人などに雇用されて就農する者が、そのうちの4～5割を占めており、非農家出身者は若い世代の農業者の中で存在感を増している（図3-1-1）。

　農外からの就農者の就農の動機の変化を全国新規就農相談センターの「新規就農者の就農実態に関する調査結果（平成28年度）」から見ると、「農業が好きだから」「自然や動物が好きだから」という理由は就農時年齢を問わず継続的に高いが、「自ら経営の采配を振れるから」「農業はやり方次第でもうかるから」という経営に関する理由が大きく伸びていることがわかる[1]（図3-1-2）。これらの回答比率は、とくに就農時年齢が若い就農者ほど高くなっている。同時に「サラリーマンに向いていなかったから」という理由も伸びている。他方、「有機農業をやりたかったから」「農村の生活が好きだから」は減っており、農

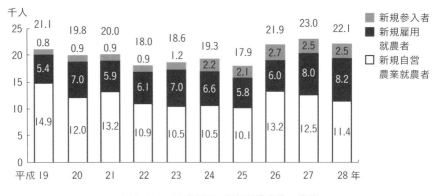

図 3-1-1　49 歳以下の新規就農者数の推移

資料：農林水産省「平成 28 年新規就農者調査」2017 年

業を「生き方」よりも「職業」の選択肢の一つとして選ぶ若者が増えていることを示唆している。

　若い世代の新規就農については、2012年度から国が導入した青年就農給付金（17年度からは農業次世代人材投資資金）によって、新規就農者の研修中や就農初期の資金不足という課題が軽減され、就農へのハードルを下げた（表3-1-1）。この表からもわかるように、給付金の導入後、新規参入者の数はそれまでの2000人弱から2500人程度へと大幅に増加している。

　しかし、新規就農支援の取組みや情報提供が充実してきているにも関わらず、とくに農外からの新規就農者の経営状況は厳しく、全国新規就農相談センターによれば、新規参入して5年目であっても農業所得で生計が成り立っている割合は48.1％と半分に満たない[1]。彼らの直面する課題として、就農時には「農地の確保」「資金の確保」「営農技術の習得」が上位3事項であり、関係機関が新規就農者に対してとりわけ農地、資金、技術への支援策を講じているに

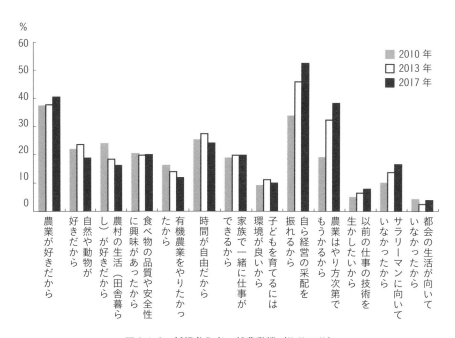

図3-1-2　新規参入者の就農動機（複数回答）

資料：全国新規就農相談センター「新規就農者の就農実態に関する調査結果（平成28年度）」2017年

表 3-1-1　青年就農給付金の給付実績　　（単位：人）

	準備型	開始型	うち農家出身	うち非農家出身	合計
2012 年度	1,707	5,108	2,701	2,407	6,815
2013 年度	2,195	7,890	4,248	3,642	10,085
2014 年度	2,410	10,090	5,261	4,829	12,500
2015 年度	2,477	11,630	6,296	5,334	14,107
2016 年度	2,461	12,318	6,310	6,008	14,779

資料：農林水産省「青年就農給付金事業の給付実績について」各年

もかかわらず高いままとなっている[1][2]（図3-1-3）。就農後は「所得の低さ」「技術の未熟さ」「設備投資資金の不足」が上位に上がっている（図3-1-4）。

　農外の就農希望者が就農するまでにはおおむね、「情報収集・体験など→就農希望地・作目の決定→研修→就農→定着」といった経過をたどる。新規就農者を受け入れる地域にとっては、「地域としての受け入れ合意の形成→受け入れ体制の構築→募集→研修→就農→定着」となる。農外からの就農希望者が就農して経営を定着させるまでおよそ10年、地域として新規就農者が継続して入るようになるには20年といわれている。この10年、20年という長い年月の間に、就農希望者は、農地、技術、資金、設備や機械、住居、販路を確保し、新たに移り住んだ地域社会に溶け込んでいく。新規就農支援とは10〜20年にわたり、就農希望者の取組みを関係者・関係機関が連携・役割分担しつつ支援することで、新規就農者を定着させ、地域農業の次世代の担い手を確保していくことなのである。

（2）JAそお鹿児島ピーマン専門部会の新規就農支援の取組み

　新規就農支援の開始から、継続的に農外から新たな就農者が就農するようになるまでのプロセスと、そこに関わる関係機関の支援の状況を、JAそお鹿児島ピーマン専門部会の取組みで見てみよう[3]。

　JAそお鹿児島のピーマン産地は、1968年に志布志町で12名でピーマン栽培を始めたことに遡る（表3-1-2）。産地は1977年には生産者100名、栽培面

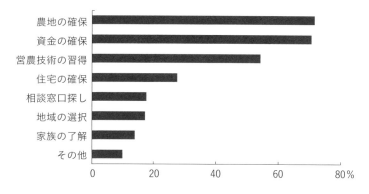

図 3-1-3　就農時に新規就農者の直面する課題（農外からの新規参入者）　（上位 3 位までの回答）

資料：全国新規就農相談センター「新規就農者の就農実態に関する調査結果（平成 28 年度）」2017 年

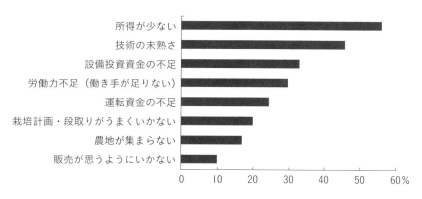

図 3-1-4　就農後に新規就農者の直面する課題（農外からの新規参入者）　（上位 3 位までの回答）

資料：全国新規就農相談センター「新規就農者の就農実態に関する調査結果（平成 28 年度）」2017 年

積 22.5ha まで拡大したが、第 2 次オイルショック以降、面積も生産者も減少し、指定産地を維持できない危機に直面した。それに対し、1996 年に当時の志布志町と志布志農業協同組合で（財）志布志町農業公社（以下「公社」と略す）を設立し、研修用のハウスを設け、農外からの就農者を育てることを始めた。事業開始後 10 年間は研修生の定着率も低かったが、この 10 年ほどは就農後に辞める人は出ていない。2006 年を境に、既存農家と農外からの就農者の

栽培面積や農家数が逆転した。現在では、部会員農家96戸のうち6割に相当する58戸が農外から就農した部会員で占められている（図3-1-5）。

就農希望者を研修生として受け入れる手順として、希望者には体験研修にきてもらい、そこで公社、市役所、JA、普及センターも参加して面談を行なう。

表 3-1-2　JAそお鹿児島ピーマン専門部会の歩み

年度	事項	会員数	面積 (ha)	販売金額 (億円)
1968年	ピーマンの栽培が始まる	12	0.8	0.1
1972年	国の指定産地に指定	63	10.2	1.7
1976年	国の指定産地拡大	88	17.1	4.2
1978年	第2次オイルショック	101	21.8	7.9
1996年	（財）志布志町農業公社設立	49	10.6	4.6
2001年	ピーマン専門部会設立	68	15.2	5.0
2008年	K-GAP取得	73	17.9	10.7
2010年	IPMへの取組み	73	19.9	10.2
2012年	全戸エコファーマー認定	81	22.3	11.7
2013年	鹿児島のIPMキャラクター「チームマモット」使用権　県内第1号取得	86	23.4	13.2
2014年	日本農業賞「集団組織の部」大賞受賞	87	23.6	14.2
2017年		92	26.3	16.0

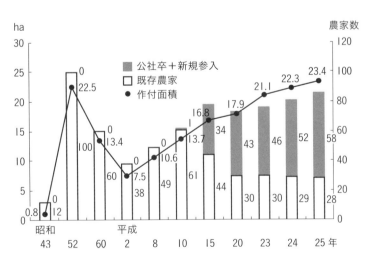

図3-1-5　JAそお鹿児島ピーマン専門部会の農家数の推移
資料：JAそお鹿児島提供資料。

研修生となるための条件として、ピーマン経営は1人ではできないので基本的にパートナーがいることと、500万円程度の資金を準備することである。この500万円は、ピーマンがとれない場合の生活費や、4～5月に就農してから10月にピーマンの収穫が始まるまでのつなぎ資金となる。年齢は、おおむね55歳までとなっている。研修生として受け入れるかどうか判断ポイントはやる気、家族の就農への理解だそうである。

　地域内にはすでに多くの新規就農者が定着しており、その中にはSNSなどを使い発信を行なう人もいて就農希望者を惹きつける。就農時から約30aのハウスで農業所得400万円程度が確保できる、農外からの就農者がすでに数多く定着している、夏は作業がないので子どもと夏休みを過ごしたり、すぐ隣の宮崎の海岸でサーフィンを楽しめることなどが、就農希望者が志布志に魅力を感じる点である。

　公社での研修は、当初は研修期間である2年間研修生に給与を払う方式で、研修生1人につき15万円、配偶者10万円の計月25万円を、町と農協が分担して支給していた。現在の研修システムは、1年目は研修生1人に月15万円（夫婦であれば2人で25万円）の手当てを支給しつつ研修させ、2年目は公社のハウスを使って自分で経営するようにしている。研修生1組がハウス2棟を使う。2016年11月に公社は新しい研修圃場である松山黒石農場を完成させた。これまでの農場の研修用ハウス10棟に、新たに12棟の研修用ハウスが加わり、以前より6組多く研修生を受け入れられる体制となった。既存の高齢農家や新規就農者の後継者確保を見据えれば、もっと新規就農者を育てなければということだ。

　就農準備については研修中からJA、ピーマン部会、公社、志布志市、曽於畑地かんがい農業推進センター（普及）といった関係機関が連携してあたる。農地や施設などはJAやピーマン部会が中心となって確保する。住居については志布志市が中心となり、まずは市営住宅を優先的に提供し、その後は空き家探しをする。就農初年から農業で生活できるので、新規就農者の多くはその後は自分で家を建てる。

　就農後の新規就農者への支援の中心となり、相談相手にもなるのは、JAの営農指導員である。JAそお鹿児島の営農指導体制は手厚く、本所配属のピーマン担当の営農指導員3人と、志布志支所担当の営農指導員5人で担当する。

農外からの新規就農者はピーマンづくりでしか生活する術がない。JA は彼らがピーマンづくりで食べていけるようにしなくてはならない。営農指導員はそのような思いで、営農面の指導のみならず、地域への溶け込み、既存農家との調整などに奔走している。例えば、農外からの就農者は当たり前のことを知らないので、部会の研修とは別に年 4 回新規就農者向けの研修会を開催する。農外からの就農者に対する指導のやり方として、結果ばかりを指導するのではなく、その結果に至る過程も丁寧に説明するようにし、既存の農家のもつ長年の経験に支えられた技術を理論的に伝えるようにしているそうだ。

　農外からの新規就農者は高学歴で IT 産業経験者なども多く、新しい技術や管理手法の導入にも前向きだ。例えば、天敵を利用して病害虫を抑える IPM（Integrated Pest Management の頭文字をとったもの）への取組みは強制ではないが、新規就農者により土着天敵の活用は 3 年間でスムーズに産地に導入され、自分たちの生活を守るために必要な技術として今や当たり前になっている。鹿児島県の IPM の PR キャラクターである「チーム・マモット」の使用権を取り（県第 1 号）、ピーマンの包装にはそれが使われている。また、2008 年には、かごしまの農林水産物認証制度（K-GAP）を取得した。個々の生産者の経営改善につながるとともに、産地としても万が一残留農薬などが出ても K-GAP で記帳していると出所などがすぐにわかるようになっている。このようなピーマン専門部会の発展や活動状況を見て、これまでいなかった既存農家の後継者がポツポツ戻ってくるようになってきているそうだ。

　志布志町農業公社での研修を経て JA そお鹿児島でピーマン農家として新規就農した新旧の 2 人の農業者のこれまでの経緯を紹介する。

　公社研修事業の 4 期生に当たる今吉健太郎氏（50 歳）（図 3-1-6）は夫婦ともに大阪出身であり、1999 年、今吉氏が 31 歳の時に公社で研修を始めた。今吉氏はもともとサーフィンが好きで、サーフィンをするために農村を訪れ、農業に関心をもった。職探しに大阪でのニューファーマーズ・フェアに出向いたところ、そこに都道府県以外で唯一町としてブースを出していたのが志布志町だった。役場の農政課の人から説明を受け、1 週間の体験研修を経て、研修生となった。来てみたら支援が手厚く、営農指導員がつきっきりで教えてくれたそうだ。離農した農業公社卒業生のハウスを引き継いで就農し、現在 24.8a の面積でピーマンを栽培している。就農した当時はまだ農外からの新規就農者の

珍しい時期で、地元への溶け込みなど色々と苦労したそうだが、「ピーマンをやってよかった」と、今ではピーマンづくりに熱中し、趣味だったサーフィンにはほとんど行かなくなったそうだ。

今吉さんは2017年度のピーマン部会

図3-1-6　今吉健太郎氏と奥様

長であり、役員は4年目である。ピーマン部会の部会長は、既存農家はベテラン農家でありすでに役員を経験しているため、この数年新規就農者が続いている。JAそお鹿児島のピーマン専門部会は、三役の下に11支部で構成され、志布志農業公社にも1支部が設置されている。交流会など活発な支部活動が新規就農者の地域への溶け込みをスムーズにしている。以前は役員は副会長4年、部会長2年の計6年間務めることになっていたが、長すぎると2＋1年の3年にした。今吉さんも「役員になる前は、自分のことしか考えなかった」と語ったが、新規就農者は、部会の支部長さらには役員を経験することで地域や産地の仕組みなどについてわかるようになる。役員が次々交代することで役員経験者が増え、新規就農者も含めて皆で自分たちの産地を守る仕組みを考えていくようになる。

もう1人の新規就農者は2016年に完成した新しい松山黒石農場のハウスで研修中の若水洋（39歳）氏である（図3-1-7）。研修2年目であり、来年は就農予定である。現在の公社での研修生は、若水氏を含め2年目の研修生が4人おり、うち3人はピーマン農家ではない地元出身者である。一方1年目の研修生は東京、大阪からの1人ずつを含めた3名となっている。公社としては、研修圃場を新設したこともあり、できれば毎年5～6組のIターン就農希望者を受け入れたいと考えており、新しい研修圃場を紹介する動画を配信するなどPRに力をいれているところだ。

図3-1-7　公社で研修中の若水氏

若水さんの父親は公社卒業7期生の新規就農者であるが、若水さんは父親が就農したときすでに他出しており農業経験はない。東京でサラリーマンをしており、当初は農業に興味はなかったが、30代半ばになり仕事に先が見え、子どもを田舎で育てたいとも思ったそうだ。父親のピーマン経営が軌道に乗っているのを見て、元気なうちに仕事を覚えたいと就農を決めた。子どもがまだ小さいので、研修は若水さん1人で行ない、妻や妻の母が手伝いに来ている。サラリーマン時代は仕事が忙しく夜遅かったが、今は子どもと触れ合う時間がもてるようになったという。

若水さんは来年の就農時には父親のハウスの一部と公社の空いているハウスを借りて就農するつもりである。父親は60aのハウスを経営しており規模重視の管理方法だが、若水さんは単収重視の生産を行ない、二酸化炭素利用や湿度管理など新しい栽培技術も取り入れていきたいと考えている。ピーマン部会の中には就農2～3年目にして部会内で上位の単収をあげている農業者もいるそうで、そのような先輩の新規就農者を目標に研修のかたわら就農準備を進めていた。

（3）新規就農支援に向けて：受け入れ体制の整備

「田園回帰」の風潮が浸透し、就職先の選択肢として農業が認知されるようになってきており、各地で新規就農者の存在がそれほど珍しくなくなっている。国は青年就農給付金制度（現行の農業次世代人材投資事業）を導入し、新規就農のハードルを下げた。新規就農支援に取り組み、次世代の担い手を農

外・地域外に求めようと考える地域、産地も多いのではないか。

しかし、前項のJAそお鹿児島ピーマン部会を含めた各地の新規就農支援の先進事例からみえてくるのは、新規就農者の「募集→研修→就農→定着」への支援に具体的に着手する前に、地域全体として「新規就農者を受け入れよう」という意識が醸成され、その意識に基づく受け入れ体制の構築が必要だということである。

この意識の醸成の土台となるのは、5年後、10年後に産地や地域の農業がどうなるのか、どのようにしていきたいのか、という将来に向けての農業ビジョンの構築である。産地の維持のためには、生産者の確保に加え、農地、農業労働力や販路・技術開発などが組み合わさっている必要があり、その全体像を描くなかで農業の次の担い手は誰なのか、人材確保をどうするかを考えることになる。

農業者の高齢化、後継者不足は農村に共通する課題であり、どの産地も将来への漠然とした不安をもっているであろう。生産者へのアンケート調査、耕作放棄地の状況調査や将来の耕作予定者マップの作成などを通じて、5年先、10年先の産地の姿を可視化することで、漠然とした不安は危機感となり、具体的な取組みへと繋がる。次世代の担い手としては、「農業法人や専業農家の後継

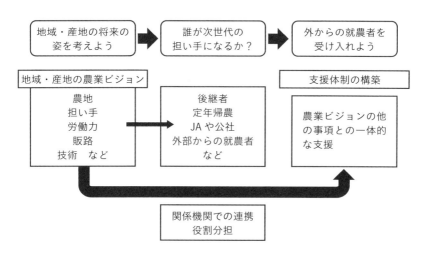

図3-1-8　地域の合意・体制づくり

資料：筆者作成。

者」「定年帰農」「JAの子会社・公社」などいくつもの選択肢のなかに「外部からの新規就農者の受け入れ・育成」がある。外部からの就農者を地域・産地が「受け入れよう」と合意し、農業ビジョンの中に位置づけるところから、新規就農支援は始まる[4]（図3-1-8）。

新規就農者支援の関係機関は非常に多い。代表的なものでも、都道府県レベルの組織として、県や出先の農業振興事務所、中間管理機構や担い手支援公社など、普及センター、農業大学校、農業試験場、農業団体の県組織、県の農業会議があり、これらの機関が集まり県レベルで新規就農支援協議会などを立ち上げている場合も多い。一方、市町村レベルの機関としては、市町村、農業委員会、JAやJAの支所、生産部会やその他の生産者グループ、集落組織、地域の担い手農家や研修生受け入れ農家などがあり、これらの組織や関係者によって地域支援協議会などを構成している地域もある。例えば北海道のむかわ町では、農業体験を受け入れる農業者の組織であるむかわ町新規就農受入協議会と、それを支援する関係機関の組織であるむかわ町地域担い手育成センターが連携・役割分担して新規就農支援を行なっている（図3-1-9）。

新規就農者を受け入れる地域や個々の就農者のケースによって、さらに、新

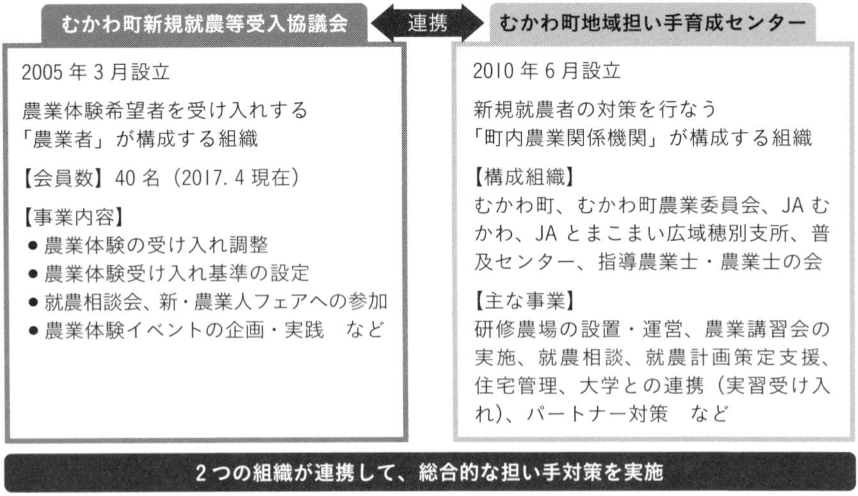

むかわ町新規就農等受入協議会	←連携→	むかわ町地域担い手育成センター
2005年3月設立 農業体験希望者を受け入れする「農業者」が構成する組織 【会員数】40名（2017.4現在） 【事業内容】 ● 農業体験の受け入れ調整 ● 農業体験受け入れ基準の設定 ● 就農相談会、新・農業人フェアへの参加 ● 農業体験イベントの企画・実践　など		2010年6月設立 新規就農者の対策を行なう「町内農業関係機関」が構成する組織 【構成組織】 むかわ町、むかわ町農業委員会、JAむかわ、JAとまこまい広域穂別支所、普及センター、指導農業士・農業士の会 【主な事業】 研修農場の設置・運営、農業講習会の実施、就農相談、就農計画策定支援、住宅管理、大学との連携（実習受け入れ）、パートナー対策　など

2つの組織が連携して、総合的な担い手対策を実施

図3-1-9　むかわ町の新規就農支援体制
資料：むかわ町地域担い手育成センター提供。

規就農支援のステージや事柄によって、これら組織・関係者のなかで主導する者、関与する者が変化する。例えば、募集は都道府県が行ない、研修受け入れ以降はJAや市町村が主体となるなど、時系列により主要担当機関は変化する。支援内容別にも、農地はJAと農業委員会、営農技術は普及センターとJA、資金はJAや日本政策金融金庫、住居は市町村など関係機関で得意な事項について役割分担しつつ、就農者一人ひとりについて研修や就農の状況を見ながら支援することになる。

　農外からの新規就農者に対する支援策は、国の農業次世代人材投資事業（旧青年就農給付金事業）が基本となるが、加えて都道府県や市町村が独自の支援策を用意している。[5] 自治体の新規就農支援策として多くみられるのは、農業次世代人材投資事業の交付対象は45歳未満となっているのに対し、45歳以上の就農希望者に対しての独自の助成である。また、就農希望者に対する住宅の確保については、多くの自治体で空き家バンクなど情報提供や空き家の斡旋を行なっているが、新規就農者への家賃助成も多くみられる。

　福島県南会津町、群馬県高崎市（旧倉渕村）は新規就農者、新規就農研修者向け専用の住居を建設し、岡山県吉備中央町では公営住宅を新規就農者用に転用し、新規就農希望者の住宅確保を支援している（図3-1-10）。新規就農時に必要な施設・機械取得のための費用を助成する自治体もあり、特に施設園芸で

図3-1-10　福島県南会津町が建設した新規就農促進住宅

の就農時の資金負担を軽減している。例えば、福島県南会津町や北海道むかわ町は就農時に 300 万円までの助成を行ない、岐阜県は新規就農者の機械・施設の導入費用の 3 分の 1 を助成している。地域の実情に合った独自の支援策は、就農希望者を惹きつけ、あるいは新規就農者の経営のスムーズな定着を後押ししている。

　新規就農者を地域において継続的に受け入れる場合、これまで農業に接する機会をもたなかった就農希望者が栽培技術・経営技術を学ぶ研修は必須であり、就農希望者に対する研修を継続的に行なえる体制を整える必要がある。研修期間は技術を学ぶのみならず、農地や住まいを探し、就農する地域に溶け込むためにも重要な期間である。「研修」のプロセスは、産地や農業を知ってもらうための短期的な農業体験などを経て、就農希望者の適性や地域との相性を考えたうえで、本格的に栽培技術を学ぶ長期的な研修に入るようにしている場合が多い。1～2 年に及ぶ長期的な研修のためには、JA や自治体などが「研修圃場」を提供している場合と、「受け入れ農家」での研修を行なう場合とがあり、それぞれメリット・デメリットがある[4]（表 3-1-3）。

　研修圃場の場合は、特に研修中に研修生にいかに地域に溶け込んでもらうかが重要であり、研修後の農地探しや地域での受け入れを容易にする。前掲の JA そお鹿児島では研修施設を生産部会の 1 支部としており、他にも岐阜県の JA 全農岐阜のイチゴの研修施設では、研修生は研修開始時から地元の生産部会員となって活動させ、福井県のかみなか農楽舎では地元の農家が研修施設の役員となり、研修生には地元集落の一員として活動させるなど、様々な工夫がなされている。

　一方、受け入れ農家での研修は、受け入れ農家の選定や研修内容の平準化、座学の充実に向けた取組みが重要となる。受け入れ農家の条件としては、技術力とある程度の規模をもち、地域の情報がよく入り、研修生を労働力として使うのではなく地域の担い手として育ててくれる農家、ということになる。福島県の南郷トマト生産組合や JA 岡山西船穂町花き部会では、生産組合・部会で受け入れ農家を選定しており、北海道のむかわ町では受け入れ農家の組織をつくっている。研修内容については、例えば岐阜県の JA めぐみのは、受け入れ農家の研修後の新規就農者等を年数回集めて研修を行ない、技術の平準化や仲間づくりを支援している。

表 3-1-3 研修施設での研修と農家での研修のメリット・デメリット

●研修施設での研修
（県等の施設、県の農業試験場、県の農業大学校、地元の研修施設、JA や JA の子会社の研修圃場）

メリット	研修地が恒常的に準備されている。 栽培技術の平準化が図られる。 複数の研修生が同じ場所で研修することで仲間作りができる。 生産施設を研修生自らの責任で管理する研修ができる。 きちんとした座学の機会が提供され、経営感覚を持った農業者の育成ができる。 耕作放棄地対策、農家支援など他の事業と融合した研修事業ができる。
デメリット	地域との関わりが希薄になる。 研修圃場の設置および運営のための費用・人員が必要。 特に施設型作目の施設の場合、研修作目が限定される。

●農家での研修

メリット	マンツーマンで指導を受けられ、いつでも質問・相談ができる。 遊休農地や空き家などの情報を入手しやすい。 受け入れ農家を通じ地域との繋がりができる。 特段の施設や圃場を整備することなく、研修生を受け入れられる。
デメリット	受け入れ農家の一作業員（労力の一部）となりがち。 受け入れ農家の負担が大きい、小規模の農家は受け入れ農家となりにくい。 担い手農家の高齢化に伴い、受け入れ農家が不足しがちである。 技術が農家個人のレベルまでしか習得できない。受け入れ農家間の技術の違いがある。 座学の不足、あるいは座学と実際の研修との乖離。

資料：筆者作成。

　新規就農者を継続的に受け入れている地域や産地は、受け入れ地域の合意のもとで、関係機関による連携体制、必要な支援制度、研修体制などを整え、それを改善させていくことで、「新規就農しやすい地域」となっている。

（4）地域農業の多様な担い手と多様な新規就農者

　(2) で紹介した JA そお鹿児島ピーマン専門部会の取組みは、農外からの若い就農希望者を募集→研修→就農支援という過程を経て独立したピーマン生産農家として定着させた事例である。「新規就農支援の取組み」という場合、このようなプロセスに対する支援を想定するのが一般的であろう。

しかし、そもそも農業の担い手というのは多様である。次世代の地域農業を支える人材として、農業経営に関わる人材の選択肢だけでも、若い後継者の就農、後継者が中高年になってから実家の農業を継ぐ定年帰農、配偶者が農業者であったことなどによる結婚に伴う就農、企業参入、集落営農、市町村やJAの公社・子会社による農業経営などがあり、そのなかに、農外からの就農者も入る。農外からの就農者はさらに、若い就農者と定年後などに農村に移住して就農する者に分けられる。地域農業に必要な人材は農業経営者だけではない。農業法人で雇用される人、農繁期のパート労働力、選果場などでのパート労働力あっての地域農業である。障害者を農業の人材として活かす農福連携の取組みも各地でみられるようになっている。地域農業に関わる様々な人材について、次の時代に向けてどのように確保するかという選択肢のなかに、新規就農者の受け入れ・支援がある。さらに広くみれば、直売所へ出荷する小規模な生産者、市民農園で野菜作りを楽しむ人、半農半Xの暮らしを楽しむ人も、地域の農地を維持管理し、あるいは将来農業経営者側に転じる可能性もある人材と見なすことができる。

このような地域農業の多様な担い手確保の取組みとしてJAなどが開催する農業塾がある。例えば、岡山県のJA岡山西が井原市管内で井原市ぶどう部会・普及指導センター・井原市と協力して毎年開催しているぶどう塾は、ぶどうづくりに興味がある人をはじめ、就農予定者、新規就農者、栽培経験の少ない生産者、労働サポーターなどを対象とし、地域内の多様な担い手の育成に結びついている[6]。

また、「農外からの若い新規就農者」についても、その就農過程は多様である。「研修事業→独立就農への支援→経営定着支援」という過程を経て独立経営として就農し、それを関係機関が支援する、という「一般的」な過程以外にも、様々な方法で新規就農者は地域に入ってくる[5]。

農業法人などに雇用された人材の活用：49歳以下の新規就農者の3〜4割は雇用による就農者である。新規就農者2万5000人に対し、雇用就農者は8万人。彼らが長期的に特定の法人に雇用されることは少ないのが現状であり、雇用就農後のこれらの人材を地域の農業の担い手として育てることは、今後の課題であろう。

地域おこし協力隊：地域おこし協力隊制度は地方自治体が都市住民を受け入

れ、地域おこし協力隊員として委嘱し、農林漁業の応援、水源保全・監視活動、住民の生活支援などの各種の地域協力活動に従事してもらいながら、当該地域への定住・定着するのを支援する総務省の制度である。実施自治体、隊員数は増加しつつあり、多くの協力隊員は農村に入り農業に関わる地域振興に取り組んでいる（表3-1-4）。隊員は4分の3が20代、30代と若く、また、約4割が女性であることも特徴である。隊員としての任期終了後も6割はその地域に定住し、そのうち15％程度が就農しているほか、農家レストランや農家民宿の経営、農業法人などへの就職など、農業関係で就業する若者も多い。

農業労働力の確保からの新規就農：農繁期の農作業の手伝いをきっかけに農業に興味をもち、そこから就農というルートも各地でみられる。JAが設置している農業塾などを通じた家庭菜園・市民農園に取り組む人の拡大やサポート、農業労働力の確保のための取組みは、このようなルートでの就農の機会の拡大につながる。

農村女性はほとんどが新規就農者：農村女性の多くは農業者との婚姻をきっかけに農業に関わるようになる。しかし、農業技術・経営に関する研修を受ける機会はあまりない。女性への支援については、農村女性の上の年代は、昔の生活改善事業などを通じてつながりがあるが、生活改善普及員制度のない現在

表 3-1-4　地域おこし協力隊員数や実施自治体数の推移

	隊員数	実施自治体数	うち 都道府県数	うち 市町村数
平成21年度	89	31	1	30
平成22年度	257	90	2	88
平成23年度	413	147	3	144
平成24年度	617	207	3	204
平成25年度	978	318	4	314
平成26年度	1,511 (1,629)	444	7	437
平成27年度	2,625 (2,799)	673	9	664
平成28年度	3,978 (4,090)	886	11	875
平成29年度	4,830 (4,976)	997	12	985

資料：総務省のサイトから。
注：(1) 総務省の「地域おこし協力隊推進要綱」に基づく隊員数。
　　(2) 隊員数のカッコ内は、名称を統一した「田舎で働き隊（農林水産省）」の隊員数（26年度：118人、27年度：174人、28年度：112人、29年度：146人）と合わせたもの。

では、若い世代は農村女性はお互いに交流する機会もなく、また、農村女性のなかでも農業に意欲的な女性とそうではない女性とのギャップもある。女性の交流や経営能力向上の機会の提供を、関係機関と連携しながら意識的に行なう必要がある。

有機農業・自然農法希望者への支援：新規就農希望者には、有機農業を志向する人が多い。しかし特にJAの多くは、そもそも有機農業への取組み自体に消極的であり、有機農業を志向する新規就農希望者への支援も同様の傾向がある。直売所への出荷などを通じて地域との関わりを深め、彼らを地域の農業の担い手として育てていくような関係機関の取組みが求められる。

このように農外からの新規就農のルートは多様であるが、いずれにせよ就農地にある市町村やJA・生産部会、集落が彼らの定着を支援する主役となる。とくにJAはこれら多様な新規就農者に対して、栽培技術、資金、資材、販路（直売所など）、支部や青年部での活動を通じた地域への溶け込みなど、多方面で支援することができる組織である。地域農業の次世代の担い手を懐深く育ててもらいたい。

(5) 今後の課題：広い農地や膨大な初期投資が必要な水田・畜産での新規就農支援

新規就農者の販売金額1位の作目は、多い順に露地野菜、施設野菜、果樹となっており、とくに限られた面積の農地で年に複数回の収穫が可能な野菜作が多くなっている[1]。一方、農地を集める難しさや、初期投資の大きさから、水田、畜産部門は少ない。次世代における農地面積の維持を図る点からも、水田、畜産など大きな農地面積や投資を必要とする部門での新規就農をどのように円滑に進めるかを考える必要があるだろう。

新規就農者が水田経営、畜産経営を開始できるような工夫をしている事例もある。

紹介事例1：水田地帯での新規就農支援の事例「農業生産法人かみなか農楽舎（福井県）」

農事組合法人（現在の農地所有適格法人）かみなか農楽舎は、福井県若狭町

図 3-1-11　かみなか農楽舎

の旧上中町が、都会の若者を受け入れ就農・定住してもらおうと平成13年に設置された。出資者は町、地元集落、民間のコンサルティング会社である。かみなか農楽舎では、就農時は認定農家等との法人を設立し共同経営をするか、もしくは独立でも親方となる農家をつけることで、新規就農者でも大規模な水田経営などを始められるようになっている。地域の担い手的な立場の人との共同経営をすることで、農業経営として定着・発展できている。共同で法人を設立した後に代表権を譲られた新規就農者も複数出ており、新規就農者であっても大規模な水田経営などに取り組むことが可能になっている（図3-1-11）。

紹介事例2：酪農地帯での新規就農支援の事例「北海道JA浜中町」

北海道の酪農地帯である浜中町では、昭和58年からJA浜中町が中心となって酪農経営での新規就農支援を進め、現在では農家数の2割強、利用農地の約2割を新規就農者が占めている。町とJAが設立した研修牧場では、経営者が離農した牧場を研修牧場として継承し、研修生が管理者として1～2年運営した後、分離独立するという仕組みができている。JA浜中町は、離農した牧場の施設や機械などを整備・改修したうえで就農者に5年程度貸し付け、就農者はその後買い取るリース農場就農システムを用意し、多額な準備資金を用意す

ることなく酪農経営を始めることが可能になっている。町は独自にリース料の半額助成などを行ない、新規就農を支援している。

　さらに、新規就農者がこのような大規模面積・大型投資の必要な経営を行なう方法として、経営継承がある。経営継承とは、後継者のいない農業経営者の経営資産（農地・機械施設・技術・経営ノウハウなど）を新規就農者などの第三者に継承することを地域の関係機関が支援する仕組みである。地元の農業者がつくり上げてきた農場や施設、経営ノウハウを失うことなく次世代に引き継ぐことができる。経営継承の事例はこれまで畜産分野が中心だったが、担い手の高齢化とともに全国で徐々にみられるようになってきており、地域農業の面的な維持の点からも拡大が期待される。

参考文献

[1] 全国新規就農相談センター『新規就農者の就農実態に関する調査結果（平成28年度）』2017年
[2] 和泉・倪『新規就農支援の現場から～JAは何をするべきか～』JC総研レポート特別号26基、2015年
[3] 和泉「Iターン農業者とともに産地を作る──JAそお鹿児島ピーマン専門部会の取り組み」全国農業協同組合中央会『月刊JA』2018年3月号、2018年
[4] 和泉『産地で取り組む新規就農支援』JC総研ブックレット№23、2018年
[5] 全国農業協同組合中央会『JAが取り組む新規就農支援ハンドブック（平成30年度版）』2018年
[6] 和泉「幅広い農業の担い手を育てる『井原ぶどう塾』」『シリーズ田園回帰2　人口減少に立ち向かう市町村』2015年、農山漁村文化協会

2　農地手当てにみる自力型および支援機関依存型の事例と経営展開

（1）新規参入者にとっての農地取得の課題とその重み

　この節のタイトルは、就農者が参入にあたって農地の手当てをどのように行なってきたか、その違いに着目して名づけたものである。そしてその後の農地手当てはどのように行ない、経営がどう発展しているか、いくつかの事例をあ

げながら特徴と課題を指摘しておきたい。

　なお自力型と書いているが、全くの自力開発を意味するのではなく、最初の農地貸付け者からの紹介で次の農地取得に繋がるなど、農村での人との関係が大きい。都会で不動産を探すときに不動産業者にすべて依存する仕組みとは全く異なるのである。また支援機関依存型も全て他者に依存していることを意味するのではなく、最初のときにいろいろな組織や人の支援で地域に入っているが、その後は本人の努力も加わって農地を拡大しているのが実際である。

　なお新規に独立就農しようとする際の課題は農地以外にもいろいろある。資金、技術、販売、住宅、労働力調達等、よく指摘されるところであるが、しかしこれらは自営業に取り組む場合、共通する課題であろう。中小企業として産業に参入する場合、皆、直面するのである。

　だが農地は、農地法をはじめ制度や歴史が関わっており農業に特有の課題である。農業参入の課題の中で最大の問題といってもよい。工業団地や山林地域に進出するのではなく、農業振興（農振）地域、それも農用地区域の線引き内に立地しようとすれば、個人も法人も、多くの制度に縛られる。新たに立地するのだから、すでにそこで経営を展開している農業者や法人との関係も極めて大事である。その意味で農業への新規参入はそう簡単ではなく、いろいろな縛りや要因が影響してくる。

　しかし要求される基準や条件、とくに農地法が求める必要な経営面積、農地の全てを効率的に利用することや必要な農作業に常時従事すること、周辺の農地利用に支障がないことなどがすべて満たされる場合は、農業委員会等を通じて個人は農地を取得（借り入れや購入）して農業に参入することが可能である。最近は農振地域内でも放棄地が増えているので、優良農地は別として、新規に手当てしたい農地は以前と比べると探しやすい。

　また参入する個人にとっては法人と比べ不利な点は少ないかもしれない。いやむしろ、寄生地主を排除し自作農を創設した戦後農地改革の成果を守る農地法、この農地法により、今も企業の農業参入は制限されている面があり、個人とそこは異なる。

　もっとも企業への制限は大分緩和され、今では借入れであればどの法人でも可能である（ただし、賃借契約に解除条件が付され、地域で適切に役割を分担し、業務執行役員または重要な使用人が1人以上農業に常時従事という条件等

は、全て満たされなければならないという縛りはついている)。しかし証券市場に上場している株式会社は株式の売買を公開しているので農地の購入は今もできない。農業利用ではなく転用を狙って安い農地を購入する目的をもった参入者が、株を購入し農業法人の経営者になる可能性を排除できないからである。また非公開の農業株式会社でも農地を購入・所有するためには(すなわち農地所有適格法人になるためには)、主たる事業が加工・販売等の関連事業を含む農業(売上高の過半)でなければならないし、農業関係者が総議決権の過半を占めること、また役員の過半が農業に常時従事(原則年間150日以上)する構成員であること、役員または重要な使用人の1人以上が農作業に従事すること(原則年間60日以上)、という条件がついている。

　それに加え、農地の取引市場はきわめてローカルなものであり、お互いによく知り合っている人たちの斡旋による流動が主なので、法人が有利で個人が不利というような差は基本的にはない。各県の農地中間管理機構も基本は地元で貸付け・借入れのマッチングができたものを引き受けているので、就農者は、まずは地元での斡旋を期待するのが主たる道である。地代や地価を高く払えば必ず借りたり買えるという市場ではないので、その点で企業が力を発揮しやすいわけではない。転用を制限している農地法や農振法(農業振興地域の整備に関する法律)のもとで、農地の斡旋は、不動産業者が介在するのではなく、地域の人や農業委員、農協を含む地域の団体が行なっている例が多いということである。茨城県のある地域では広く商売を行なっている肥料商が市町村を越えて畑を斡旋し、水田の斡旋はその地域の農業委員が行なうといった地域もあったり多様であるが、いずれも地域に関係する人たちが関与している。

　ローカルな市場では対象農地の隣接地を耕作する人を優先したり、地元の規模拡大の農業者に配慮したりする傾向は強い。集落で決めた「人・農地プラン」に沿って地元の担い手を中心に農地の移動先を決めるのが原則になっているところも多い。また新規参入者に対しても農業に熱意が示されれば歓迎される傾向はある。ただし、地域の農村に全く関係のない人・縁のない人はすぐにはなかなか信頼が得られず、農地の斡旋を受けるには何かの応援や条件が必要なことが多い。この節のタイトルに支援機関と書いたのはそのためである。

　逆に言えば、そうしたことが満たされれば、新規参入の個人も農地が斡旋され自営業を起こせる。農業は、起業したいとする若者が参入しやすい産業なの

である。他の産業は参入に必要な最低資本額が巨大になり自ら起業したい人にとってこれは難しい。それに対して農業は数少ない参入可能性の高い産業なのである。農業が好きで、リスクを負いながらも自ら采配を振るって経営したい人にとって、大企業が強い現代社会でも、農地を取得し起業することで今も自分の夢を実現できる分野である。

　もっとも、以下に紹介する事例をみていただくと、流動化する農地は水田や畑が主で、永年作の果樹・茶園などはあまりみられない。すぐに引き受け手がみつからないときは、管理されずに虫がついたりして周辺に影響が出るので、伐採されることが多い。施設園芸や畜産など、施設や動物などを含む資産もなかなか流動化しない。参入希望者は多いはずなのだが、このマッチングはなかなか難しく、更地にして斡旋するなど、築かれた資産を廃棄したうえでの流動化が多いのは残念である。地元で受け入れ者がみつからない場合は、広く希望者を探し出す仕組みが求められるのだが、これが未だ不十分なのである。

（2）農地を自ら手当てした自力型の事例
　——兵庫県豊岡市の市街地出身である鎌田頼一さん（就農時 26 歳）

　日本農業経営大学校を 1 期生として 2015 年 3 月に卒業した鎌田頼一さんは両親とともに兵庫県豊岡市の街場に住んでいる。非農家出身だが、しかし早くから農業を一生の仕事と考え、いろいろな先進農家での研修を経たうえで経営大学校に入学してきた。

　そして在学中からときどき実家に戻り、実家に近い集落で借入農地を探し回った。その結果まとまった団地 60a の水田を 1 人の地主から、地代無料で利用権を設定し 5 年契約で借りることができた。水利費は地主持ちである。在学中に卒業後は借りる話をつけておいたのだが、在学中も父に依頼して無料で畦畔の草刈りをしている。確実に貸してもらえるようにと工夫したのであるが、この配慮は周辺からの信頼を得るうえで極めて重要であった。団地化している農地は重要な彼の生産手段であり、土を入れたり緑肥も入れて野菜に適した畑に変えている。このように農地は自分で探し相手に話をつけているが、在学中に借りた農地に無料の草刈りをしたことや同じ市内に住居をもっていることなどが信用に繋がっているといえよう。

就農2年目に青年等就農資金を750万円借り入れ、ハウスの助成残（鎌田さんは市による若手農家支援事業の園芸用ハウス整備費用助成適用第1号で事業費の4分の3の助成を受けている）と倉庫、トラック購入等に充てた。返済据え置きは4年になっているので、彼の就農5年目に返済が始まる。返済据え置きが5年でなく4年なのは貸付け金融機関の判断である。

　強化ハウスは3.5aで4棟あり地代は10a当たり5万円支払っている。10年契約でこの地代は高いようにみえるが、ハウスも強化型で雪に強く、今後の売上の大きな割合を占めるので大事にしている。トマト栽培もいずれ考えているので天井は高い。

　彼の経営農地面積は、団地化している農地の60a、その周りの借入地を入れると計1.1ha、山の上の借入農地は80a（10人の地主・地代無料・5年契約の利用権）、そしてハウスを設置してある農地面積は14〜15a、これらの総計が2ha強である。なお2年目では借りていた農地で劣悪な分の30aは返している。3年目の当初は2.5haあったが、そのうち50aも返している。規模拡大に農地を借りると同時に返している農地もあるのである。

　農地は購入することは考えておらず、いい水田を借りてよい畑に直している。なお稲は大型機械も必要だし初期投資がかかるので取り組むつもりはない。

　彼は丸オクラ（島オクラ）、白スウィートコーンの栽培技術に絶対の自信をもっており、最良の農地60aに1年目から作付けしたが、地域の人は丸オクラを知らず、卸売市場も扱ってくれなかった。どんどん成長してくる丸オクラを捨てる日々もあったようだが、夏になって京都の若手農家による販売グループに見出され、その縁によりようやく高値で販売できるようになった。

　それ以降、彼の販売にかける努力が始まる。今は卸業者の3人に直接販売するようになり、契約の2〜3倍の量を生産して契約の出荷量を確実に守るとともに、残りを卸売市場に出してその日に口座に入金する市場の換金性の速さを評価していた。しかも卸業者に対しても、有利販売するためには生産量を増やすとして、市が設けている豊岡スクールの卒業生の新規就農者と組んで出荷量を確実に増加させている。このグループはブランドもつくって販売力を強化しようとしている。そのためには米も果樹も仲間に入れ込んでグループとしての販売力を強くしたいと考えているようだ。

自身が取り組む野菜で、夏の暑い時期に最盛期になるオクラは、収益性は高いものの労働が大変なのでやめて、スウィートコーンや葉物、そしてハウスのキュウリに力を入れている。

　さらに面積をあと1ha増やすことを考え、今の労働力である自分・父（66歳）・男性パート数名の合わせて計5人だが、いずれ常雇いが必要になるとみている。

　3年目の売上高は1000万円（ハウスの売上がその半分、トウモロコシを主に葉物などがその残り）を予定していた。2018年の4年目は1500万円の売上（トウモロコシ300万、ハウスで500～600万、他の作物で500万円を予定）、5～6年目で2000万円を期待している。そのためには農地規模も労働力の手当ても必要になる。

　普及所とは知り合いで接点はあるが、技術は自ら学び、また販売も自ら工夫している。資金は最初に祖父から借りた300万円が運転資金であったが、1年目の春先に認定新規就農者と青年就農給付金の申請を一緒に行ない、給付金の

図3-2-1　鎌田頼一さん

非農家子弟
兵庫・豊岡市出身、普通高校卒
▼
動機は「農業現場で働いた経験から独立就農を志す」
▼
農業実務・社会人経験を経て日本農業経営大学校入学（第1期生）
▼
卒業時経営計画のテーマは「少量多品種栽培・マーケットイン・異業種連携・流通事業」
▼
兵庫県豊岡市で独立就農
▼
就農前の活動として、在学中から就農地に通い畦畔刈りを無料で行なうなどして地元の方々の信頼を得た
▼
現在は農地拡大（1ha→2.5ha）、販路開拓（出荷グループ）、商談会活用、国内外の市場調査、直接雇用、2期作等に取り組む

半額が夏に入ったので運転資金にそれほどの額はいらなかったようだ。しかし資金についてアドバイスを受け、青年等就農資金を利用している。なおこの地域は人・農地プランができていなかったので、彼は農地中間機構からわずかな農地を借りることでその資格を得て、青年就農給付金の申請につなげた。よく考えた経営といえよう[(1)]（図3-2-1）。

(3) 孫ターンの大阪市内出身・有機農業にこだわる荒木健太郎さん（就農時30歳）

　近年、祖父母出身の農村に「孫の縁」で農地の斡旋を求める人が多くなっている。祖父母の農地を借りるだけではなく、孫の縁が地域からの信頼につながり農地の斡旋を地元から受けるタイプである。ここで紹介する彼が日本農業経営大学校で青年就農給付金（準備型）を2年間受け学んできたことも、農業への熱意の根拠になっていると地元では理解されたようである。

　勤め人の両親のもとで大阪市内に育った荒木さんは、高校時代から農業を一生の仕事とすることを決意していた。その彼が国立大学経営学部を出て農薬会社に勤務しているときに、著名な講師陣をもつ日本農業経営大学校が近く東京で設立されることを知った。比較のため県農業大学校の仕組みや科目等を調べたが、実際に就農するには経営大学校の内容がよいと考え、2013年4月の開校を期待し、受験して同校の1期生になったのである。

　なお4年間農薬会社に勤務して農業開始のための資金も貯めたが、紹介を受けて入学前に埼玉県小川町の金子美登氏（霜里農場）のところで研修を行なったことは彼にとってさらなる転機となった。それまでは有機農業をとくに意識していたわけではなかったが、これを機会に有機農業の考えを受け入れ、有機農業のみで経営を行なうことを決意したのである。

　経営大学校に入学後、荒木さんは就農に向けて西日本、それも大阪に近いところで農地を見つける努力を行なった。しかしよい条件にあると思っていた淡路島は「縁がない人」は受け入れてもらえない印象であり、姫路市でも農地は見つからなかった。最終的に決まったのは、何回も通っていろいろな人に相談した、祖父母が住んでいるたつの市であった。それでも地域に住む親戚にも相談したりしたがすぐには農地は見つからなかった。また祖父母の農地はすでに

地域の大規模法人に貸し出されており、この法人の社長にも彼は相談している。最終的に農地と住宅を見つけてくれたのは事情を知った祖父母が住む集落の区長であり、また地域の大規模法人の社長や就農できた集落の区長もいろいろアドバイスをくれた。

　祖父母の集落とは異なりまだ法人に多くの農地が貸し出されていなかった集落で、彼は農地と住宅を借り入れることができたのである。農地は無償で3年契約の利用権設定であり、水利費のみ10a当たり2000円が彼の負担となる。なお国の補助事業である農業施設貸与事業を使い農協が7年リースでハウスを建ててくれた。農地は2.7a、この農地は購入した家についていた農地である。斡旋された家は新しい棟と古い壮大な棟とが連結したものであり、家に残る農機具、そして山・農地も借りることができ、これらを就農1年後にまとめて購入することとなって、ここに貯めていた資金の大半を充てることになる。

　最初の年は水田1.4ha、ここで水稲90a、野菜50aの経営を始めた。2年目には2.6haまでに拡大できた。しかし3年目は稲の単収が極めて低い一部の水田を管理水田にし、植え付ける水田を2haに絞った。これだと10a当たり平均4〜5俵になりそうである。これなら、合鴨農法や有機栽培によるkg 400円・自分の名前を冠した「けんたろう米」を、待っている学生時代の友人や職場だったときの同僚に何とか供給できそうである。これに有機野菜の多種詰め合わせを月1回送って、農業収入を確保しようとしている。

　米作付2ha、単収を低めにみて60俵だと売上は144万円（単収4俵の80俵だと192万円）、これに野菜の宅配30万〜40万円、合わせて190万円くらい、これからの所得を150万円としている。これは減価償却費（自己資金で購入した家の一部も含む）も入れたところのキャッシュとしての150万円であり生活費等に回るが、計算上の農業所得は100万円を下回る。これに加え、青年就農給付金の150万円、さらに3年間毎年20万円の応援をしてくれる農協の補助金（3年目で終了）等を合わせて生活が成り立つ。

　今後は、米の単収の彼の目標である10a当たり6俵（これを上回ると味が落ちるとして6俵におさえるとのこと）を平均的に確保し、また農地も倍の4ha以上にするならば、収入は大幅に増える。しかしそのためには今借りている稲作用の作業小屋を返して自ら新築し、更新時期がきたコンバインの購入も必要で、3年目で青年等就農資金800万円の借り入れを考えている。ハウスの使用

料（7年経過すると荒木さんの所有になる）に加え、各種の更新時期がきた機械の費用が増えてくる。3年過ぎるとこうした資金が必要になるし、また重荷にもなってくるようである。

　それでも米の単収が予定どおり上がり、また合鴨も肉で売れ、さらに忙しいので手が回らなかったハウスでの野菜が増産できれば、収入は確実に増える。また彼は、大阪で販売店をもつマルシェ経営の会社に出資していて、週1回大阪で直接販売もしている。この販売で売れ筋の野菜を見分け栽培計画に反映しようとしている。このように生産と販売拡大の計画は立つのだが、労働力1人だけではなかなか難しい。自立するためにもパートを含め労働力を考えなければならないだろう。

　なお彼の場合、慣行農法ではないので、普及所ではなく技術指導を地域の先行した有機農業の農家にアドバイスを受けている。しかし合鴨農法やチェーンによる除草など、彼自身の工夫によるものが多く、失敗を含めコストがかか

図 3-2-2　荒木健太郎さん

非農家子弟
大阪・茨木市出身
国立4年制大学経営学部卒

▼

動機は「発展途上国の貧困や飢餓を解消したい」「自国の食糧自給率を高めたい」

▼

上場農薬専業メーカー（法務・監査部門）を経て日本農業経営大学校入学（第1期生）

▼

卒業時経営計画のテーマは「有機無農薬・少量多品種・法人化・若者雇用」

▼

兵庫県たつの市で独立就農

▼

農薬・化学肥料不使用による稲作・野菜の生産・直販および6次化（上記を原料とする健康飲料の製造・販売〈法人化・代表就任〉）

▼

2018年9月に日本農業経営大学校が主催する第1回ビジネスコンテストにおいて「優秀賞」を受賞し賞金でトラクターを購入

り、また予定どおりの単収までに達していない。技術対応が必要である。農地の手当ては、地域の大規模法人が稲作から他の作目に重点を移行させているので、借入水田を彼の所に回す計画もあり、規模拡大は楽観的である。予定どおりの規模拡大と増産ができれば、4～5年目には青年就農給付金を不要とする時期がくるであろうが、しかし資金手当てが先行すると、給付金に5年間依存する可能性もあるといえよう[(2)]（図3-2-2）。

（4）研修受け入れ先の指導農業士の役割とそこから巣立った新規独立経営

　今までも多くの就農希望者を受け入れている、山形県寒河江市の農業委員で指導農業士の土屋喜久夫氏（64歳）は、新規就農者の支援で大きな役割を果たしている。

　筆者が調査で訪問したときに招待されたのが、毎月、土屋さんが催す（主催は株式会社四季ふぁーむ）「うぇるかむセミナー」であり、すでに32回を数えていた。「新規就農に関する意見交換」になっていて、普及所、農業委員会事務局、農協の関係者が出席し、県内で新規就農者が多い隣の大江町からも関係者が出席していた[(3)]。そしてセミナーの中心は新規就農者であり、土屋さんのところから巣立っていった就農者、そしてそれ以外の市内の新規就農者も出席しており、これに四季ふぁーむの経営者（代表取締役の土屋喜久夫氏のほか、専務の土屋喜彦氏〈喜久夫氏の次男〉、取締役の土屋つや子氏〈喜久夫氏の夫人〉）、そこで働く「農の雇用事業」で採用されていた県農大卒等の3人の若い女性も出席していた。これらの人が集まるセミナーが毎月、それもお酒なしに町場の旅館で夜に開かれていたのは印象的であった。この会合で多様な話題を新規就農者や若者の就農者とともに議論し、彼らを応援していることがわかったのである。

　四季ふぁーむは2016年正月に法人化し、代表取締役の喜久夫さんの2男、3男（いずれも県の青年農業士）も経営者として加わり、規模が拡大してきている。稲作35ha、大豆5ha、これにサクランボ・リンゴそして花きの施設の計5ha、これらの合計が45ha（うち、所有は4ha）と地域では最大の経営規模になってきている。この農場で毎年のように準備型の青年就農給付金を受ける人

を数名引き受け、また農の雇用事業で県農大の卒業生や他からの若者も雇っている。

土屋さんの弁だと、農の雇用事業の方が経営者側にお金がくるので有効な使い方ができる。これに対して準備型青年就農給付金は本人に直接に行くので、必要な費用をなかなか取りにくいと言われていた。今も特に費用に相当する金額は取らずに、土屋さんは無料で引き受けている。本来は研修の中身、それも最低必要な研修範囲を確定し、それへの報酬を教授する個人事業主や法人が、研修生を引き受ける際に受け取れるようにしてもよいのではないかと考える。この準備型青年就農給付金は、研修期間中の受給者の生活費も含んでいるので全額教授側に渡るものではない。また教授する側も on the job training で指導するので、受講生の労働による収穫物が教授側や教授する人が属する経営に入ってくることになる。これらのバランスを考えながら、一定の金額が教授側に引き渡されてもよいと考えられる。

他方、これらの多くの若者が独立の機会を考えている。そして農地の手当てで土屋さんの応援を受け、新規就農できている人がかなりいることは強調されてよい。農業委員の土屋さんは、他自治体の農業委員とも知り合いで、市町村をまたがっての農地支援を行なっている。農地面での出作・入作はお互いの農業委員が了解すれば貸借できるようにして、農地での支援の範囲を大きくしているのである。

夫婦（夫・岡部洋介さん、妻・優子さん）で新規参入したサクランボと露地野菜の取組み

地元農家出身の優子（40歳）さんと結婚した千葉県出身の非農家の洋介（37歳）さんは、土屋喜久夫氏の元で夫婦一緒に2年間（2013年4月〜15年3月）研修し就農した。

2人とも他の仕事からの転職だが、土屋さんのもとで研修できたことが大きな出発点になっている。2人は準備型の青年就農給付金を受けていたが、土屋さんは指導の費用や研修用農地のコストを受け取らず、そのため給付金は全額、生活費やその後の資金に使うことができた。住宅は市内で農業を営む優子さんの父親（規模の大きい農家）の一部を借りることができて、この点でも新規参入の夫婦にとって有利な点であった。

同夫婦は地域の特産であるサクランボと「くろべえなす」を組み合わせた周年の就労を計画していたが、技術については、サクランボは土屋さんに、ナスは普及所に指導を受けて、2年間の研修を終えたのである。
　幸いに農地は同氏の斡旋で取得することができた。本人たちの希望を聞いて、研修中に土屋氏が時間をかけて探し、結果として、離農する1戸の農家の団地化した農地を、加温ハウス、農業機械付きで借りることができたのである。水田90a、サクランボ65a（うち15aが加温ハウス）の計155aであり、事業承継の形にかなり近い。最初から農地中間管理機構からの借入れにして、水田は10a当たり1万円、加温ハウスはハウス付きで2万5000円の地代、10年間の借入れで契約することができた。なおナスは水田に70a栽培している。
　これらの規模を2015（平成27）年4月の開始から一気に始めることができたのは幸いであった。
　しかしサクランボは収穫労働の短い期間に集中するので新規参入者には向かないといわれているが、これを若い夫婦2人の力とアルバイト雇用で乗り切った。また加温ハウスは想定外の作物であり、コストが当初から経費として出ていった。しかし、経営を開始した年次は燃料代も相対的に安く、そのため単収がまだ他の農家と比べて低いものの、それなりの所得が残ったのはありがたかった。ただ加温のサクランボはまだ全体の売り上げの3分の1にとどまっている。
　いずれにしろまずはこの規模の経営を回すのに精一杯だが、これだけの規模、しかも成園になっているサクランボをまとめて借ることができたのはありがたい。
　また全体の出荷は農協経由であり、販売に苦労していないことも幸いしている。
　資金は2年目に青年等就農資金（返済は6年目から）を利用し、300万円でトラクターを購入し、作業小屋も建てることができた。当初は経営体育成資金で補助残融資を期待したがすでに枠がなくなっていたので、青年等就農資金を利用したのである。
　経営収支は、青年等就農計画認定申請書に書いた5年間の計画にほぼ沿っており、経営を開始して2年目は売上が1000万円弱、所得は300万円前後の予定であった。なお経営開始型青年就農給付金の2人分・225万円を受けているが、家族の生活費や様々な農業機械、とくにサクランボ関係用の機械の補充に

充てることができている。

　だがこの規模、とくにサクランボの規模を維持するには労働力は不足気味で、今はアルバイト2人に依存しているが、常雇い1人を考えているという。

　また優子さんの父は69歳でサクランボ40a、桃30a、野菜30～40aを経営しており、今までは自力でこの規模をこなしていた。しかし、いずれはこれへの応援や事業承継も想定される。次への経営展開の計画が必要である。

地域では生産が少ないスイカ栽培で経営展開する新規参入の須藤利弘さん

　現在45歳の利弘さんは経営開始型青年就農給付金が2017年で最終年だった。彼の経歴を見てみよう。隣の天童市の非農家出身である同氏はいろいろな仕事を経験している。東京で運送業等に従事したが雇用先が倒産し、身内がいる山形県大江町に来てサクランボの手伝いなどをしていた。この間、人材派遣会社に登録して、JAさがえ西村山アグリヘルパーで働き始める（2008年4月～2011年10月）。時給750円、1日8時間・6000円だったが、サクランボから桃、スイカ、米、ラ・フランス等、多様な経験をしている。これがのちに役に立つ。このヘルパーの最後の仕事が前出・農業指導士の土屋さんのところであった。土屋氏での仕事を3カ月続けたときに、土屋氏さんから自分のところで農業研修を受けて、その後独立することを勧められた。それで土屋さんのところでの仕事がヘルパーでの最後の仕事になったのである。

　土屋さんは、須藤さんの経験からいってすぐに新規就農できるとみて、準備型青年就農給付金は1年で終え独立するように応援した。ただし1年間の技術指導で、本人が希望する主作物のスイカを土屋さんは指導できないので、スイカを主たる作物とする大江町のスイカ部会の部会長に指導を依頼した。ただし指導料のお礼は仕組みとしてないので、部会長の栽培する作物の忙しい時期に本人が応援作業することでお礼としていた。

　研修期間中にまず10aでスイカを栽培していたが、隣接する場所に80a借りることができて新規参入した。彼の働き方をまわりの人びとは見ていて、それが縁で貸し付けてくれたのである。次の年には向かいの場所に60a、さらに70aと順調に増えて、今では5haになっている。貸し手は多いのだが放棄地が多く、トラクターなどを利用して相当な開墾をしなければならないような、5

〜10年放棄の農地が多い。

　この間、難題は、家族と住んでいた天童市と農地は寒河江市、という問題である。そのままだと寒河江市が関わる補助金の対象にならないといわれていた。通勤農業はたとえ自宅から車で15分としても他の自治体からは認められないとして、子どもが学校に通う天童市の自宅はそのままにして、3年前に法人化しその事務所を寒河江市に置くことでこの問題を解決した。

　スイカは価格変動が激しくリスクが大きいので、スイカの栽培規模を拡大しながらも、他の作目にも手を広げている。現時点では、スイカ5ha、サクランボ50a、野菜（主にブロッコリー）50aを栽培し、経営面積が6haになっている。

　これらの規模をこなすために機械投資を積極的に進め、青年就農給付金もそれに多く充てた。また就農時のトラクター購入（500万円）に経営体育成支援事業を利用し、今の時点で車関係も入れると総額1000万円近い金額を投資している。2017年の売上高は1400万〜1500万円あり、ほぼ就農計画で予定した最終年の粗収益に合致する。所得は600万円強と予想され、青年就農給付金からの離脱の時期と合致する。

　スイカの価格は、箱単位で高いときは4000円、安いときは数百円という、大きな変動幅のある作物なので、スイカの売上高のみに依存するのは危ういとして、上記のように他の作物も入れてきた。それでもスイカの生産量が少ない寒河江市で、当初の農協依存から自力で関西市場を開拓したり、自らのブランドづくりで価格の安定化・販売先拡大に努力している。規模を大きくしてブランドづくりに成功すれば、価格変動幅を少なくできると考えているのである。

　そのためにスイカでも規模を大きくする必要があり、働き手として須藤さん夫妻、そして収穫時にパート3〜4人を雇用しているが、2年前に年雇いを確保するのに成功している。求人広告に応募してくれたのは、いわゆる冒険家で冬の時期に北極等を探検する人である。冒険家にとっては春から秋までの仕事で収入を確保する必要があり、須藤さんの求人の期間がそれにうまく対応したものだったのである。日給ベースだが支払いはそれなりの水準の額になるようにしている。冒険家は、スポンサーを探しながら、自らの収入も確保しようとしているのであり、農閑期にまとまって冒険に出かける時期を確保できる農業の仕事は彼にとって望ましいものであるようだ。

(5) 雇用就農をステップに独立する新規就農者

　雇用者のなかに先進的経営で学びいずれ独立を考える者や親元に戻る者も増えている。幸いに雇用の形にしてくれてしかも借入地を付け替えてくれるなど、独立を考える者を意図的に支援する法人や農協、団体等が増加している。

　新規独立就農者の最大の問題は農地手当てで、次いで販売、技術、資金、人脈、住宅等の問題があるが、そうした団体では賃金をもらいながら研修して技術を覚え、資金を貯め、さらに農地の斡旋を受けながら住宅も探すという農業定着のルートである。売り先として先進経営の販売に乗せてもらう「のれん分け」もある。

　また親元に戻る就農者も先進技術や販売方法を学び、自らの経営を発展させる大きな機会にもなっているようだ。

雇用先の信州うえだファームから4月に独立就農した長野県上田市の星裕之さん

　電子関係の大学院修士を終え企業に就職した星さん（図3-2-3）、東日本大震災を契機に地方生活を考えるようになり、会社を辞めて日本農業経営大学校に入学した。卒業後はJA信州うえだの出資先である（有）信州うえだファームに34歳で就職した。農協出資法人の同社は放棄地を借りて経営するとともに、就農希望者を受け入れ彼らの独立を積極的に応援している。先進的農業法人が農業に新規参入したい者を雇用し応援するやり方と同じである。なお、本就農支援方式については、次節でも紹介している。

　同ファームは2年間以上研修し、そのうえで彼らが管理してきた果樹園や農地を付け替え独立させてきたが、星さんは経営大学校の学びがあるので1年で研修を終え、2018年4月から念願のアスパラガス経営に踏み切った。同期生で2018年の春の就農は8名、うち6名は2年以上研修し、多くがハウスや樹園地、水田等を付け替えてもらい独立している。

　上田市で就農したのは祖父の畑20aがあるからで祖父の家に同居できたのはありがたい。またその意味では星さんも孫ターンに近いかもしれない。しかしハウスの近いところに借入農地を見つけることができたのは、同ファームの研修生だったことが大きい。まわりの農家はその仕事振りを見ているからであ

る。

　研修したアスパラガスの農地 10a（ここにハウス 3 棟・計 7a）を付け替えてもらうことができた。地代交渉はこれからだが、ハウスとハウス内の 7 年もののアスパラは、農協に年 1 万 7000 円払い、10 年間使えば彼のものになる。数年前の雪による倒壊後の新設ハウスは強化型でありここから出発できたのは幸いである。

　就農直後からアスパラの収穫・販売による所得があるのは大きい。また借りた農地 20a に露地のアスパラを植え付け中だが、植え付けたアスパラが収穫できるまでの間は、会社勤めや同ファームで貯めた 370 万円強の資金が生活費とその間の資材費等に充てられる。申請中の農業次世代人材投資資金は秋までは入らず、それまでに出るお金は大きい。

　現在、祖父の 20a を含め計 1ha 借りていて、ハウスと露地の合計 30a 以外

非農家子弟（祖父は農家）
東京・文京区出身
理系 4 年制大学情報系大学院修了
▼
動機は東日本大震災で改めて農業や地域の果たす役割を認識
▼
医療系 IT 企業を経て日本農業経営大学校入学（第 3 期生）
▼
卒業時経営計画のテーマは「JA 就農支援プログラム・科学的栽培・地産地消・ヘルスツーリズム」
▼
長野県上田市に移住し JA 出資型法人に雇用就農（研修）
▼
就農 2 年目（研修終了後）に研修先からハウス、隣地、ハウス内の収穫物（7 年もののアスパラガス）を借受けて独立就農

現在はニンニク栽培・アスパラ拡張にも着手中

図 3-2-3　星裕之さん

の残りの農地の作付けはこれからである。1年目はハウスのアスパラ100万円の売上のみで、資材等の支出が大きく大幅な赤字である。2019年は1000万円の青年等就農資金を使いさらに20aにハウスを建てアスパラを増やすが、まだ収穫はなく、売上は前年と同じ100万円である。3年目でようやく新設ハウスから収穫ができて140万円の売上、4年目は30aに増やした露地のアスパラも加わって240万円の総売上になるがまだ赤字である。

所得が出るような売上になるのは5年目の450万円（ハウス330万、露地120万）で農業所得61万円である。6年目は792万円の売上で農業所得350万円（57万円の雇用賃を含む）になりようやく農業所得で生活ができるようになる。それまでは持ち出しが続くのである。

アスパラは最長20年くらい収穫が続くが、軌道に乗るまでが大変であり、人材投資資金と合わせることで5年間は生活し、6年目以降で自立が確実になることをまずは確認しておきたい。そして今検討中の他の露地作物や冬の仕事が加われば経営は安定化する。露地を何の作物にするか、アスパラとの労働配分を考えながらよい作物を選んでほしいものである。[(4)]

注

1 鎌田さんは雑誌『現代農業』各号の堀口執筆の稿で紹介されている。2016年10月号「新規独立就農したときのお金の回し方を考える―経営大学校1期生の事例」、17年10月号「新規就農して2～3年たった若者の経営実態を追う―予定通りいかない中での所得確保と次なる目標」、18年9月号「新規就農者の経営実態を追う（下）・雇用就農と新規独立就農の場合」である。

2 荒木さんは、注1の各号に加え、同誌の2015年8月号、堀口「地域の人の心をつかんで独立就農したG君」にも掲載されている。

3 山形県内で最も新規就農者が多いといわれている大江町のことを語っていただいた。特徴は体制をつくって新規就農者を迎え入れることが印象的だった。受け入れ農家は2年間1戸の農家に限定せずに複数にしたほうがよい。そうした仕組みを判断する体制ができたのはこの2010年代初期であり、町長を会長にして町・農業委員会、普及所・農協等がまとまって協議し対応している。成果としては17年までの5年間で家族を含め34名が大江町に移住し定着している。町として住居を用意しており、男女別に寮が用意されている。

新規就農者が現れた時に、見学会に来てもらう・冬の節分に来町してもらうなどを経て研修体制に入る。また月に1回、新規就農者の合同の勉強会を行ない、複式簿記や仕分などの基礎勉強も勉強会のテーマに入っている。今までの事例を見る

と、希望者の3割は新規独立就農ができているが、3割は雇用就農の従業員レベルにとどまり、さらに3割は別の道に歩むのがよい人……のように分かれるとの見方が示された。全ての希望者が新規独立就農者として成功することは難しい、この人の見分けをどうするかが課題のようである。
4　星さんについては、『現代農業』18年9月号「新規就農者の経営実態を追う（下）・雇用就農と新規独立就農の場合」が紹介の初出である。

3　行政およびJAによる就農支援
──長野県新規就農里親制度とJA出資法人

（1）はじめに

　長野県の新規就農里親制度（以下、里親制度）は、2003年に創設されて以来、多くの新規独立就農者を生んできた。里親制度は、研修受け入れ農家（以下、里親農業者）が研修の実施に加えて、農地や住宅の確保への支援まで行なう制度である。就農地とのゆかりのない独立就農希望者が、円滑に農業を開始、継続するには、地域の農業者との関係が重要であり、このような里親農業者にその役割が期待される[1]。

　近年、青年就農給付金制度（準備型）において、全国各地で経営体による実地研修が行なわれているが、行政等の関係機関による支援はどのようにあるべきか、就農の実現に向けた課題は何か、里親制度から学ぶべき点は多い。里親制度では、現地の農家や地権者との調整など、行政が行ないづらい就農支援を里親農業者が行なっているが、研修生の受け入れから就農の実現までをすべて里親農業者任せとしているわけではない。県の農業普及機関（以下普及センター）が、里親農業者の推薦（県庁が認定）、研修希望者と里親農業者とのマッチング、里親農業者への研修を行ない、研修中は研修生の相談を担当制でみている。青年就農給付金制度によって、就農実現への可能性と期待が高まるなか、里親農業者と行政などの関係機関が行なうべき支援の方向を考えるうえで、長野県の取組みは格好の素材であるといえる[2]。

　また、長野県では、果樹での就農者が比較的多いが、永年性作物である果樹

生産の就農では、植栽から収穫まで数年程度の期間を要することや、収穫できる年数よりも貸借期間のほうが一般に短いことから、新規就農者が長期間にわたって安定的に利用できる農地（樹園地）を確保することは困難である。この点について、樹園地の利用調整や権利設定に地域やJAが組織的に関与し、工夫をすることで、果樹での新規就農に大きな成果を出している。そこで、そのような事例である、JA信州うえだの出資法人（有）信州うえだファームと地域の取組みも併せて検討する。

（2）新規就農者の動向

まずは、長野県新規就農者の動向を確認しよう。長野県では、とくに今後の担い手となるべき農業者として、40歳未満の新規就農者に着目し、普及センターが実数の把握に努めてきた。図3-3-1は、長野県における40歳未満の新規就農者数の推移を、Uターン、新規学卒者、新規独立就農者に分けて示したものである。Uターン、新規学卒者には、経営主になる場合、後継者として就農する場合、農業法人等への就業を含んでいる。ただし、普及センターが把握で

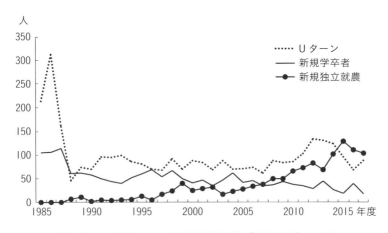

図3-3-1　長野県における新規就農者数（40歳未満）の推移

資料：長野県農村政策課資料より作成。原資料農業改良普及センター調べ。

注：Uターン、新規学卒者には、経営主、後継主となるほか、法人への就業を含む。なお、法人への就業には、農業改良普及センターが把握できていない者がいると想定される。

きる範囲での調査であり、全数調査ではないため、とくに後継者や農業法人への就業については、把握できていない就農者も想定される。

Uターン就農者は、1980年代後半に激減するが、それ以降、2010年まではほぼ横ばいで推移してきた。青年就農給付金制度が始まった2012年度以降は、134名、13年度133名と増加しているが、15年度からは再び100名を切っている。2012～14年度の増加は、青年就農給付金制度の効果であろう。また、新規学卒者は、1990年代以降、50人程度で推移し、緩やかに減少傾向にある。

本稿の考察対象である新規独立就農者は、1988年度に初めて7名が誕生すると、その後10年ほどは毎年度10名前後で推移してきた。2004年度以降は毎年増加に転じ、08年度に50名を超え、11年度73名、12年度83名と増加している。14年度以降は100名を超え、新規独立就農者は、新規就農者の中でも主力になりつつある。

続いて、作目別の人数の推移をみたのが、図3-3-2である。Uターン、新規学卒者を含めた新規就農者全体の人数であるが、野菜と果樹が中心であり、米麦、畜産は多くない。全国的な動向と比較すれば、果樹が多いのも特徴であ

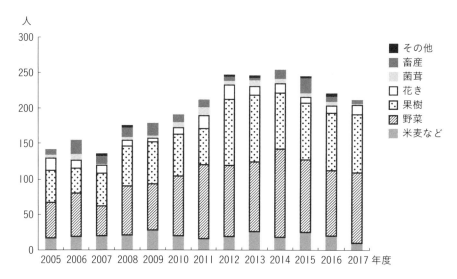

図3-3-2　長野県における作目別新規就農者数（40歳未満）の推移
資料：図3-3-1に同じ。
注：複合経営の場合、最も中心的な作目に分類。

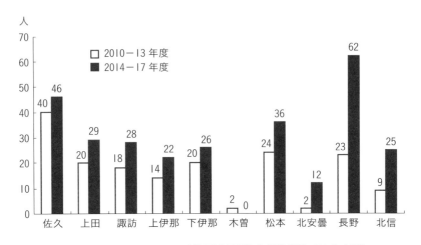

図 3-3-3　長野県における地区別新規独立就農者数（40 歳未満）
資料：図 3-3-1 に同じ。
注：新規参入者のうち、法人への就業を除いた独立就農者数。

る。

　長野県は全国 4 位の面積があり、普及センターは県内に計 10 カ所ある。図 3-3-3 は、地区別の新規独立就農者数の動向を示したものである。青年就農給付金が始まる前後の 2010 〜 13 年度と、それ以降の 4 年間ずつを比較した。ほとんどの地区で近年のほうが就農者が多くなっている。とくに、長野市周辺の長野地区（長野市、小布施町、須坂市、信濃町など）と、北信地区（飯山市、中野市、木島平村など）は 2 倍以上と大きく増加している。

　一方、木曽地区、北安曇地区などの山間部では、新規独立就農者数は少ない。参入実績における地域差の要因は、振興作目、生産条件、支援体制などが考えられるが、新幹線や鉄道、高速道路など、都市部へのアクセスの容易さも関係しているようだ。

（3）就農相談活動と短期研修

　長野県における新規独立就農支援体制は、他の都道府県と同様に、就農段階（相談・発信→体験・研修→就農→経営発展）に応じて制度化されているが、その内容は、全国でも有数の充実した内容となっている。

まず、相談・発信段階では、(公社)長野県農業担い手育成基金(以下、育成基金という)と(一社)長野県農業会議による長野県新規就農相談センターの活動が中心だ。農地制度への相談対応や農の雇用事業の実施については長野県農業会議が行なっているが、就農に関するPR活動、就農相談一般、就農相談会の実施などは育成基金が活動の中心となっている。就農相談会は、県内での実施や新・農業人フェアへの参加だけでなく、東京や大阪などの都市部においても県内の市町村やJAとともに行なっている。インターネットを通じた情報発信にも力を入れており、Webサイト「デジタル農活信州」は、県内の就農支援情報の発信だけでなく、就農希望者が自己就農適性診断をできるなど、充実した内容となっている。

　続いて、体験・短期研修については、農業大学校において就農希望者向けに、1泊2日で基本技術を学ぶことのできる体験研修や、トラクター等の農業機械の構造を学び操作を習得できる農業機械利用技能研修も行なっている。大型特殊やけん引(農耕車)免許の取得も可能だ。また、里親制度による本格的な研修の前段階として、同じく農業大学校で「新規就農里親前基礎研修」を実施している。これは、就農を決意し本格的な研修に入ろうと思っているが、地域や作目は決めかねている人が対象だ。農業技術や経営に関する座学のほか、農業大学校で幅広い作目の実地研修を行ない、さらに先進農家でも実習をする。なお、すでにある程度の農業体験を終えて作目や地域が決まっている就農希望者については、里親前基礎研修を受けずに里親研修を行なうことができる。

　就農する地域や作目などの具体的な相談に乗るのが、県内に17名いる就農コーディネーターだ。地域農業の実情や個別の里親農業者を知る普及センター職員10名(各センターに1名)のほか、短期研修や里親前研修を行なう農業大学校に5名、長野県新規就農相談センターである育成基金に1名、県庁に1名である。県外からの相談者を含む初期段階での相談は育成基金を中心に相談対応を行なうが、体験・研修については農業大学校が相談を受け、本格的に地域や里親農業者を選定し、双方の話し合いの調整は普及センターが行なう。

(4) 新規就農里親制度による就農支援

趣旨

　新規就農里親制度（里親制度）は、就農相談や体験等を経て、長野県で本格的に新規独立就農を目指す場合に、先進的農業者の農業経営のなかで研修を受ける制度である。概要は、長野県や長野県新規就農相談センターのホームページを参照してほしい。

　研修制度ではなく里親制度と呼ぶのは、単に技術を教えるだけでなく、いわば里親として研修生の受け入れに責任をもち、農地や住宅の確保、近隣農業者との関係の構築、集落活動への参加等、幅広い支援を目指しているからである。とくに、農地や住宅の確保については、行政による統一的な情報収集・提供よりも、就農希望者の人柄や能力についてある程度理解したうえで、地域での人間関係を通じて提供されることが多い。そのため、就農支援を行政だけで行なおうとせず、この部分については地元の農業者に担ってもらうことを期待した制度である。

制度の概要

　就農希望者は、就農コーディネーター（主に普及センター職員）と就農プランについて相談し、地域や作目を決め、里親農業者を紹介してもらう。就農希望者と里親農業者は研修内容や支援の方向、就農プランについて話し合い、里親研修の実施に至る。

　里親研修においては、おおむね2年間研修を行なう。単に労働力として使用するのではなく、研修と就農の支援を目的とした制度であるため、研修生は最初の1年間は月額1万4000円を指導謝金として里親農業者に支払う。また、県からも里親農業者に謝金（月額2万9000円）が助成されている。育成基金から里親研修生に対して研修費の助成（月額4万円）を行なう仕組みもあるが、近年は高齢者を除けば青年就農給付金制度（農業次世代人材投資事業）を活用することが多い。

　支援内容は、①技術研修のほか、②地域への紹介、③農地・住宅等の確保活動、④就農後の支援を行なう。

里親農業者の登録

　里親農業者の登録は、普及センターを通じて行なっている。里親農業者は、技術指導できることが求められるため、指導農業士（農業経営士）、農業士、認定農業者、人・農地プランの中心経営体のいずれかである必要がある。また、里親農業者は、①技術研修に加えて、②地域への紹介、③農地・住宅等の確保活動、④就農後の支援などの幅広い活動を行なうため、単に経営内容や生産技術が優れているだけでなく、地域での信頼を得ており、多様な人間の成長を支援できることなど、豊かな人格が求められる。普及センターでは、日ごろの経営や技術指導を通じて適任者を探し、本人が希望すれば里親農業者として登録する。研修の実施や就農支援については、双方の考えに行き違いが生じるなどトラブルになる恐れもあるため、新規登録者向けに里親農業者研修会を行なっている。

　また、里親農業者の経営状況、実施できる支援内容は変化するため、5年ごとに登録の更新を行ない、これまで研修実績のある里親農業者についても、改めて里親農業者研修会に参加してもらい、指導や支援における注意事項について、認識を深めてもらうことにしている。多様な就農希望者に対応するため、多くの地域、作目・経営形態の農家が里親農業者として登録されている（2018年4月1日時点で494名）。なかには、就農支援の実績が多いために地域内で就農可能な農地がなくなり、就農実現の可能性が低くなったために、登録を解除した農家もある。

　なお、里親農業者のリストは、以前はHPで公表されていたが、現在は統一的には公表されていない。就農希望者と里親農業者だけで研修実施に向けた話し合いが進んでしまい、行政などの関係機関が間に入らないことによるトラブルが懸念されたためである。

就農実績

　これまでに548名が里親研修生となり、そのうち410名が就農している。この中には、親元就農した者も含まれると想定されるが（零細な兼業農家の子弟が継承し規模拡大・作目転換する場合など）、新規独立就農のケースが大半と見てよいだろう。

　里親制度は2003年度に開始されたので、2年間の研修を行なったとすると、

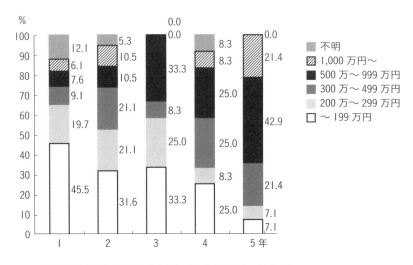

図 3-3-4　里親研修生の就農後の販売金額（就農後の年数別）
資料：図 3-3-1 に同じ。ただし、2014 年調査結果。

05 年度以降に就農していると考えられる。毎年の新規独立就農者数は前出図 3-3-1 に示したが、2005 年度以降を合計すると 937 名が新規独立就農している。500 名以上が里親制度を活用しているため、正確な数値ではないかもしれないが、半数以上が里親制度を活用して新規独立就農していることとなる。

図 3-3-4 は、里親研修生の就農後年数別の販売金額である。就農後 3 年までは半数以上が販売金額 300 万円以下となっている。経営内容によるが、初期投資や肥料、農薬、種苗費などを考えると、生活費の確保は難しい金額である。年数が経つと徐々に販売金額 300 万円以上の割合は増加して、5 年目では、500 万円以上が 60％を超えている。データで確認することはできなかったが、経営状況が悪いために離農した人も少なからずいると思われる。そのため、このように販売金額が増加することが一般的な姿なのではなく、就農を継続できた人は販売金額を増加させていると解釈したほうがよいであろう。とはいえ、第 1 章第 2 節でみたように、全国的には、販売金額が伸び悩むなかで、順調に増加している割合が高いといえる。

地域就農プロジェクト推進協議会

就農支援の中心は里親制度であり、里親農業者に求められる役割は大きい

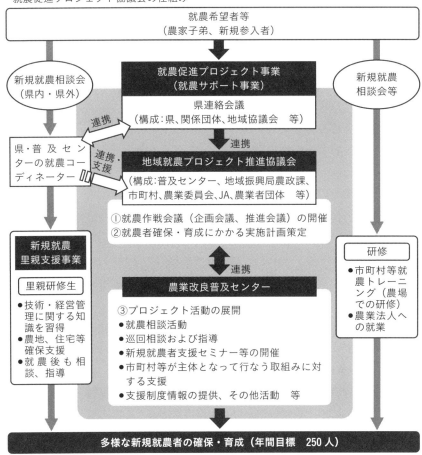

図 3-3-5　里親制度に対する地域的支援の枠組み

資料：図 3-3-1 に同じ。

が、長野県では関係機関による支援体制も充実している。

図 3-3-5 に、里親制度に対する地域的支援の枠組みを示した。県段階の連絡会議（就農促進プロジェクト事業県連絡会議）もあるが、市町村段階でも連携を行なう仕組みになっている。それが、地域就農プロジェクト推進協議会（以下、地域協議会という）である。メンバーは、普及センターが事務局となり、県地域振興局農政課、市町村、農業委員会、JAなどである。地域協議会にお

いて、里親農業者の登録状況、里親制度による研修状況（どの里親農業者のところでどのような人が研修しているか）、就農に向けた準備や課題の状況などといった情報が共有される。県内10カ所の普及センターごとに研修生の数や、市町村、JAの状況が異なるため、それぞれの普及センターごとの判断で具体的な運営はされるものの、年間3回程度の会議を行ない、研修の進捗状況やトラブルの有無、今後の対策（農地や住宅等の確保について、どの団体がどのような支援をするか）などが話し合われる。地域によっては、正式な会議の開催というよりは、日ごろの情報交換が中心のところもあるようだ。

普及センターの機能

　普及センターは単に県段階の行政機関であるだけでなく、農業者、地域の巡回・指導を行ないながら、地域や農業者に最も近い立場から就農を支援するという役割を担っている。具体的には、地域協議会の事務局として会議の開催、関係機関との連絡調整を行なっているが、そのほかにも就農希望者への相談対応、里親農業者の紹介、里親研修中の受け入れ農業者および研修生へのフォロー、就農計画の策定支援、農地や住宅の確保のための情報提供など、丁寧な対応がなされている。里親制度の運営の要にいるのは、普及センターである。

　普及センターは、管内の研修生および新規就農者の全員に複数の担当者を置いて、研修や経営の状況確認および助言を行なっている。上田農業改良普及センターの例であるが、管轄範囲が広く、担当者の人数も限られているため、新規就農者を経営状況、技術進度、就農後年数で支援レベルを変えている（表3-3-1）。限られた人員体制のなかで、効果を発揮するために工夫した対応である。里親ではなく組織的に研修・就農を行なっている（有）信州うえだファームからの就農者については、支援レベルが低くても経営が発展していることが多いが、研修会や講座などは、（有）信州うえだファームからの就農者も対象に行なっている。

　そのほか、長野農業改良普及センター（長野市周辺）では、毎年、新規就農者激励会や、研修2年目の研修生による「農業ビジョン発表会」を行なっている。これらの催しは、研修生を地域の農業者、関係機関に対して紹介する場となっている。

表 3-3-1　支援レベル別の就農（研修）者数

（単位：経営体数）

支援レベル		合計	99
A	重点的に支援。月1回程度巡回し、経営（研修）状況を確認。	計	23
		研修中	9
		1年目	5
		2年目	1
		3年目	4
		4年目	3
		5年目	1
B	年3回程度（シーズン開始および青年就農給付金終了時等）経営状況を確認。	計	26
		1年目	1
		2年目	7
		3年目	7
		4年目	1
		5年目	10
C	要請があった場合に対応。状況確認は行なう。	計	50
		うちJAファーム	21

資料：上田農業改良普及センター資料より作成。

里親研修実施のための申し合わせ事項

　研修生は地域農業の実情をあまり把握せずに研修を始める場合もあるため、全国的に研修段階で農業者と研修生の間で、トラブルが生じることも少なくない。一般に研修期間中よく聞く声として、研修生側からは「思ったような技術指導が受けられない」「就農する農地をなかなか見つけてくれない」「条件の悪い農地しか紹介してもらえない」「研修といいながら、作業の手伝いだけさせられている」などがあり、受け入れ農業者からは、「作業が雑で就農しようという心構えが足りない」「作業を行なうだけで、各作業の意味を考えて身につけようという姿勢がみられない」「挨拶、返事、態度がきちんとしていない」などがあげられる。

　実際に、長野県においても里親制度の開始直後はこのようなトラブルもみられたとのことである。トラブルの原因は、両者のコミュニケーション不足や性格の不一致など様々であろうが、両者の育った環境、職業経験、それまでの生活環境などは異なることが多く、トラブルを完全に防止することは難しい。

　そこで長野県では、数年前から里親研修を始める際に、研修内容や待遇、就

農支援などについて里親農業者と里親研修生が合意した内容を「里親研修に当たっての申し合わせ事項」として書面で作成し、記名、保管する取組みを行なっている。さらに、申し合わせを行なう際には、立会人として地域協議会のメンバー（農業委員会、市町村農業担当課、JA、普及センターの担当職員）も記名捺印する。申し合わせの内容は、研修期間、内容、謝金、傷害保険、里親農業者の心得、里親研修生の心得などであり、最後に、問題が生じた場合には普及センターが窓口となり、関係機関が協議して解決することが述べられている。

市町村の役割の変化（県による市町村への支援）

里親制度を通じた就農支援の中心は、普及センターが行なっているが、今後は市町村の働きが注目される。青年就農給付金制度（農業次世代人材投資事業）を受けるための人・農地プランの作成は市町村が行なうが、2014年度からは農業経営基盤強化促進法の改正に伴い、認定新規就農者の認定など新規就農支援に関する事務の多くを市町村が行なうこととなった。2014年度は、このような制度変更に対応するため、県が主催の市町村の新規就農支援担当者向け研修会を行なっている。研修会の内容は、新制度移行に伴う実務対応のほか、就農相談の手法についての事例報告（就農相談に先進的に取り組んできた市町村やJAの職員による）、普及センターで就農支援を行なってきた県職員による就農相談の方法についての講義、就農相談をテーマとしたグループに分かれてのワークショップなど、充実した内容となっている。

さらに、2017年度からは、農業次世代人材投資事業の対象者について、市町村段階において経営・技術、資金、農地のそれぞれに対して、サポート体制を整備することとなった。しかし、市町村の職員は農業関係だけでなく、幅広い業務の担当部署を異動する者が多い。そのため、多くの市町村では、農業部門の職員といえども、農業への専門知識を有する者は少ないことから、経営・技術が普及センターやJA営農指導員、営農資金がJAの融資担当者、農地が農業委員と市農業支援センターとなっている（東御市の例）。そして、交付3年目には経営確立の見込み等について中間評価を行ない、支援方針を決定しなければならない。上記のサポート体制と連携しながら、市町村の職員に重要な任務が課されることとなった。

就農支援における市町村の役割が増えることは、市町村が認定農業者制度の運営や人・農地プランの作成を行なっており、生活環境や移住支援に関する情報提供とも連携しやすいことから合理的であり、効果の発揮が期待される。一方で、限られた財源や人員体制のなかで懸念される点として、①市町村における農業担当部署の業務負担が増加すること、②市町村合併によって地域との距離が離れ、農業者との直接的な関係が希薄であること、③農業を得意分野とする職員が限られているため、すべての担当職員が就農相談を有効に行なうことは困難、などがあげられる。

　また、関係機関がそれぞれ得意分野への支援を行ない、連携したサポート体制を整えることが望まれているが、実際に体制を構築することは容易ではない。ここでは、各機関の管轄範囲の違いの問題をあげよう。

　堀部ほか[5]で示したが、市町村もJAも広域合併し、各機関の管轄範囲が広がる一方で、新規就農支援には狭い範囲での関係構築も大切である。農地や住宅の情報は、お互いに顔がわかる範囲での信頼関係をもとにやり取りがなされることが多い。そのため、行政の関連では、普及センターの担当者、市町村、合併前市町村、農業支援センター、農業委員会（地域事務所）の範囲がそれぞれ異なっている。また、関係機関の中でもとくに重要なJAに着目すれば、JA関連だけでも、JA、営農センター、生産部会、生産部会支部（樹園地情報の共有）が重層的になっている。このような各機関が入り組んだなかでは、会議の開催だけでなく、情報共有も容易ではない。新規就農者（就農希望者、研修生）の情報や、貸付可能農地の情報は、とくに有用性をもたせるためには家族、家計や離農の情報など個人情報が含まれるため、厳格な管理が求められるからである。

里親農業者を対象とした研修会

　里親制度において、里親農業者に期待される役割はきわめて大きい。そのため、県は里親農業者を対象とした研修会を行なっている。この研修会への出席は、前述したように里親として登録する際や、5年ごとの里親登録の更新の際に必要とされている。研修の内容は、①里親制度の趣旨、改正点、問題点のほか、②里親研修生の就農後の状況、③技術指導の方法、コミュニケーションの取り方、④研修中に行なうべきこと、などであり、講義やパネルディスカッ

ション形式で行なわれる。

とくに、以下の点が重視されているようだ。①就農に向けた研修であり、労働者ではないこと、②研修生の資質ややる気をみながら地域の他の農業者に紹介し、現実的な就農計画の作成を支援すること、③技術指導だけではく生活面や就農後のフォローも行なう現地での身元引受人的な人であること、④農地と住宅を見つける活動を、責任感をもって行なうことである。このように市町村、農業委員会、普及センターとも相談をしながらではあるが、里親に期待されることは大変大きい。

(5) 樹園地継承支援

果樹での就農の課題

全国的に、後継者不足に悩む果物産地は多く、新規独立就農者の受け入れを進めている地域も少なくない。しかし、永年性作物である果樹生産の就農では、植栽から収穫まで数年程度の期間を要することや、収穫できる年数よりも貸借期間の方が一般に短いことから、新規就農者が長期間にわたって安定的に利用できる農地（樹園地）を確保することは困難である。ここでは、樹園地の利用調整や権利設定に地域やJAが組織的に関与し、工夫をすることで、果樹での新規就農に大きな成果を出している長野県（有）信州うえだファームと地域の取組みを検討する。（有）信州うえだファームは、JA信州うえだの出資法人である。(3)（有）信州うえだファームと樹園地継承に関わる関係機関による就農支援の体制は、図3-3-6のようになっている。

JA出資法人による研修の仕組み——（有）信州うえだファーム

新規就農希望者への研修は、（有）信州うえだファーム（以下、ファームと略す）が直接雇用して行なっている。研修期間は原則2年である。研修生は、ファームが経営している圃場で研修を開始するが、希望する品種や圃場条件などを勘案して、ファームが情報を得ている樹園地の中から、研修中に就農予定地を決定する。研修2年目になるころには、就農予定地で研修を行なうが、研修中はファームが樹園地の借り手となり、就農時に改めて地権者と新規就農者が農地の貸借について契約を結び直す。契約期間は当初10年間で、新規就農

者とはその残余期間になる。

　この方法をとることで、棚や土壌の改修、改植を研修中に行なうことができる。樹体や棚など（いわゆる上物）の設置は各種補助事業を利用しながら、ファームが行なう。そのため、それらの樹体等は、ファームの資産として計上されている。新規就農者は、樹体等をファームから貸借することになるが、10a当たり3万～3万5000円に収まるようにしている。

　将来ワイナリーを経営したいワイン用ぶどうでの参入は、専門的な醸造技術を身につける必要があるが、この点については千曲川ワインアカデミーと連携して研修を実施している。

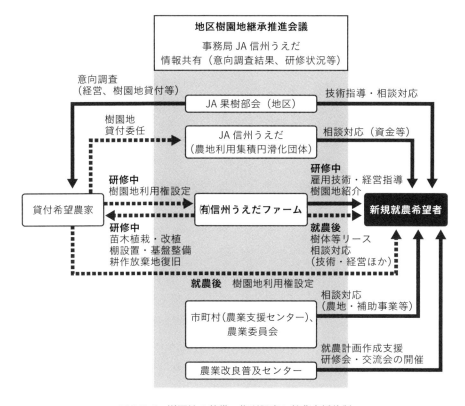

図3-3-6　樹園地の整備・権利設定と就農支援体制

資料：（有）信州うえだファーム資料および上田農業改良普及センター、東御市への聞き取り調査から作成。

注：破線の矢印は、樹園地および樹体の利用等に関する内容。

市町村や県普及機関は、ファームの研修生については、積極的な指導や巡回は行なっていない。補助事業の手続きや就農計画の認定等、必要事項では当然関わるが、研修の基本的なことは、ファームに任せている。

樹園地紹介の仕組み

　樹園地の円滑な利用調整のために、樹園地継承推進会議を 2011 年より開催している。範囲は、樹園地や生産者の状況をお互いにある程度把握できるように、合併前の農協や、生産部会の支部となっている。設置地域は、東御市東部地区、上田市塩田地区、上田市上田東地区の 3 カ所。構成員は、JA、県農業改良普及センター、市町村、生産部会、農業委員。JA 果樹部会が、部会員に今後の経営以降や樹園地の貸付け意向を調査し、樹園地継承推進会議で情報共有を行なっている。そして、ファームを通じて新規就農希望者に樹園地を紹介している。

　樹園地の貸借に当たっては、「〇〇地区果樹園地貸借業務方法書」を当推進会議で作成しており、基本的な方法を定めている。契約期間は原則 10 年。JA 信州うえだが、農地利用集積円滑化団体として、農地所有者から貸付委任を受け、研修中はファームと地権者が利用権を設定する。就農時には、合意解約を経て借り手を新規就農者に変更する。その際、近年は、補助金（果樹経営所得安定対策）を受けるために、農地中間管理事業を利用する場合もある。

　賃借料は、通常は 10a 当たり 1 万円であるが、もともと耕作放棄地であった場合は 10a 当たり 3000 円前後となる。

　契約の際には「果樹園の改良・改植または基盤整備等による高額投資にかかる有益費の取り扱い承諾書」を作成し、有益費は請求しないこと、また原状復帰ではなく変化後のまま返還することを書面で確認している。改植費用は借り手負担であるが、事前に「有益費は請求しない」のは、地権者から賃貸や改植の合意をとりやすいという意図があるとみられる。ただ、借り手にとっては権利の放棄であり、やや厳しい条件である。とはいえ、聞き取り調査によれば、①特段の事情がなければ、原則契約更新すること、②その際には貸借料の増額はしないこと（地代が高い品種に改植しても、もとの地代のまま）が緩やかな規範になっている。文書で定めた内容（有益費の請求権放棄）は、借り手にやや厳しい条件と思われるため、一案としてだが、上記の緩やかな規範を契約更

新の際の尊重事項等として定めることも考えられる。

就農後の支援と課題

　就農後の栽培や経営に関する相談は、ファームに行なう場合もあるが、JAの果樹部会の一員として、ほかの部会員に情報交換、相談する場合も多い。県普及センターの研修会は、里親制度を利用した就農者だけでなく、ファーム出身者にも案内、実施されている。

　醸造施設を建設し、ワイナリーを経営するまでは、多くの投資が必要なため、創業までには一定の年数が必要である。その間、ワイナリー経営希望者は、自分の樹園地で採れたワインぶどうを販売したり、醸造を委託して販売するが、それだけで生計を確保するのは困難である。そのため、JAからの指導も受けながら、ブロッコリー等の野菜を生産し、所得を得ている。

　住宅の確保も課題となっている。研修中は民間アパートに住むケースが多い（市の雇用促進住宅に入れるのは里親研修生のみ）。住宅は、農業ではなく地域のことだから、ファームが紹介等を行なうには限界がある。住居が就農予定地と異なる場合でも就農予定地区の果樹部会に参加させるなどして、地域に溶け込ませるようにしているが、住宅を紹介してもらえるケースは多くない。

就農後の新たな樹園地借入れにおける懸念

　ファームには、貸付け希望の農地・樹園地の情報が数多く入ってくる。それらのうち、研修生やすでに就農した者の希望に合致する樹園地があれば、紹介を行なっている。その際は、農地利用集積円滑化事業を利用するケースが多いとはいえ、樹園地の契約・交渉は基本的には地権者と就農者が直接行なう。また、地権者から新規就農者に直接、樹園地の新たな借入れについて依頼がある場合もある。

　このように研修修了後に、新たに貸借が行なわれる場合は、個別相対で契約・交渉することになるが、この場合は、当然農業委員会を通した権利設定は行なうが、前述の果樹園地貸借業務方法書にはよらず、基盤整備や改植、有益費に関して書面での合意はほとんど行なわれていない。そのため、契約更新時や返還の際に、両者の想定が異なっていたために問題となることが懸念される。

(6) おわりに

　長野県では、全国に先駆けて、研修受け入れ農家と行政が協同して新規独立就農を支援する里親制度を運用してきた。就農支援においては、研修受け入れ農家や市町村の役割に着目されることも多いが、普及センターを中心とした体制構築は示唆に富む。

　新規就農者のサポート体制については、里親制度の運用により、受入連絡協議会が設立されているため、緊密な連携がとれている。ただ、普及センターが事務局となり、受入連絡協議会が運営されているが、市町村、市町村農業支援センター、JA、JA支部等の範囲がそれぞれ異なるため、担当者はそれぞれ入り乱れている状況である。この点では、連絡調整のコストは低くないが、それぞれ歴史的な経過があって構築された組織・範囲のため、就農支援のために変更することは難しいであろう。

　最後に、果樹経営への就農支援について、JA出資法人、JA生産部会による技術指導および樹園地継承の取組みは他産地にとっても参考となろう。ただし、地権者に対して弱い立場である新規独立就農者が安定的に樹園地を利用していくためには、樹園地の契約内容や関係機関の支援方法をさらに改良する余地があると思われる。

注

1　新規独立就農者と地域の農業者との関係については、多くの研究蓄積がある。代表的なものとしては、内山［1］、江川［2］、島［3］。
2　本節は、堀部［4］および堀部ほか［5］を加筆修正した。なお、農家や農業法人等による独立就農のための研修支援は、2019年度より農業次世代人材投資資金から農の雇用事業へと移行する予定である。
3　(有)信州うえだファームについては、李・谷口［6］が新規就農者支援に限らず、地域農業支援の全体像を描いている。

引用・参考文献

［1］内山智裕「農外からの新規参入の定着過程に関する研究」『農業経済研究』第70巻4号、1999年
［2］江川章『農業への新規参入』（『日本の農業』215）、2000年、農政調査委員会
［3］島義史『新規農業参入者の経営確立と支援方策―施設野菜作を中心として』2014年、農林統計協会

[4] 堀部篤「長野県における地方自治体等による新規就農支援―新規就農里親制度と農業改良普及センターの取り組みに着目して」『地方自治体等による新規就農支援の実態調査結果』2015 年、全国農業会議所
[5] 堀部篤・秋山隆太朗・磯貝悠紀「JA 出資法人による果樹での就農支援―長野県東御市」『新規就農事例集―平成 29 年度新規就農支援事例調査』2018 年、(一社)全国農業会議所
[6] 李侖美・谷口信和「地域農業の諸課題に総合的に対応する JA 出資型農業生産法人―(有)信州うえだファームを事例として」『農業経済研究』第 87 巻第 3 号、2015 年

4 第三者継承による新規独立就農の特徴と実際

(1) はじめに

　ここまでの節で見てきたように、独立就農にあたって新規就農者は、受け入れ主体の支援のもとで農地や技術などの経営資源を様々な方法で取得し、就農を果たしている。

　一方で、既存の農業経営においては、専業的な経営であっても子どもが就農するとは限らず、後継者が確保されないケースが増加している。そのような経営では、それまでに整備された施設・機械が有効に利用されず、蓄積された高度な技術・ノウハウも引き継がれないことになるが、これは社会的にも大きな損失である。この問題に対して近年進みつつあるのが、後継者のいない農業経営者と新規就農者をつなぐ「第三者継承」の取組みである。

　第三者継承は、経営内（親族内）で後継者が見つからなかった場合に、血縁関係のない新規就農者（第三者）へ事業を継承するものである。農地・施設・機械などの有形資源だけでなく、技術・ノウハウ・信用といった無形資源も一緒に引き継がせるところに大きな特徴がある。つまり、その土地で農業経営を行なうために必要な経営資源を一定の時間をかけながら受け渡していくことで、新規就農を円滑にしようという取組みである。

　本節ではこの第三者継承に注目し、新規独立就農の一形態としての特徴や課題、支援のあり方を、事例を交えながら述べることにする。

(2) 新規独立就農としての第三者継承の特徴

第三者継承の特徴を一般的な独立就農との比較により整理したのが表3-4-1である。一般的な独立就農では、有形・無形の経営資源を複数のルートから調達するが（例えば研修先農家で技術を習得した後、農地は別の農家から借り入れるなど）、第三者継承では一括して経営を移譲する農家（以下「移譲者」）から取得する。そのため、独立就農では比較的小さい規模から経営を開始し、資金や技術力に応じて徐々に経営資源を取得し規模拡大していくことが多く、専業的な経営として自立するまでに一定の期間を要する傾向があるのに対し、第三者継承は、就農時から専業経営となることも可能である。ただし、そのために有形資源の取得費用が高額になる場合があり、最初から高い技術力・経営能力も必要となる。

また、独立就農では、関係機関や各種経営資源の提供先となる地元の農業者など、様々な相手との良好な関係づくりが必要である。第三者継承においても

表 3-4-1 一般的な独立就農と比較した第三者継承の特徴

	第三者継承	一般的な独立就農
有形資源取得の特徴 （農地・施設・機械・家畜・果樹等）	移譲者からまとめて取得 ・経営開始時に一括取得 ・取得費用が高額になる場合あり ・追加投資は不要	複数のルートから取得 ・能力・資金に応じて徐々に取得可能 ・追加投資が必要
無形資源取得の特徴 （技術・ノウハウ・信用・販路等）	移譲者からまとめて取得 ・経営固有の技術を習得可能 ・短期間での習得が必要 ・移譲者の信用・販路を活用できる	複数のルートから取得 ・技術は経営規模に合わせて徐々に習得することも可能 ・独自に信用獲得、販路開拓する必要
経営開始時の事業規模	大きい	小さいことが多い
専業経営になるまでに要する期間	参入時から専業	長期間かかる場合もある
経営開始時に最低限必要となる能力	開始時から高い能力が必要	経営規模に合った能力があれば経営を開始できる
対人関係で必要な対応	移譲者との信頼関係構築や交渉	地元農業者等との良好な関係づくり
経営開始後の自由度	一定の制約	比較的制約が少ない

注：山本ほか [1] および農研機構経営管理技術プロジェクト [2] を加筆修正して作成。

地域との関係づくりは必要であるが、それにも増して移譲者との信頼関係の構築・維持が重要となり、また有形資産の移譲などに際しては移譲者との交渉も行なわなければならない。

さらに、独立就農では、地域の条件に即したものであれば作物や栽培方法は比較的自由に変更できるが、第三者継承では、技術力等の面でしばらくは移譲者の経営内容を踏襲せざるを得ず、自由な経営展開には一定の制約がある。

以上のように、新たに農業経営者になるという点ではこれら2つの就農方式は同じだが、第三者継承には独立就農とは異なる独自の特質があり、就農にあたって新規就農者や支援者はこの特質を踏まえた対応をとらなければならない[2]。

(3) 第三者継承の実際

第三者継承の手順

第三者継承は、一般的には図3-4-1の流れで取り組まれている。移譲者と継承者のマッチングは、関係機関や知り合いの紹介によるものが多いが、就農希望者向けの研修機関が仲介する場合や、移譲者が求人誌で募集するなど、様々なケースがある。マッチング後にはまず短期間の研修を行ない、経営内容やお互いの人柄などを確認する。両者が合意すれば本格的な研修に入る。研修は数カ月から数年かけて行なわれるが、この期間は経営の内容や移譲者と継承者の

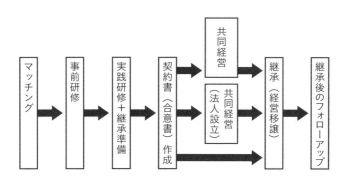

図3-4-1　一般的な第三者継承の手順
注：農研機構経営管理技術プロジェクト〔2〕より引用。

年齢、その他の事情によって異なる。研修中は技術面・経営面の指導を受けつつ、資産をどのように引き継ぐかを検討し、契約書（合意書）を作成する。締結後は、すぐに経営を移譲するケースと、数年間の共同経営の後に移譲するケース、法人を設立して共同経営を行なうケースに分かれる。

　有形資源については、移譲者と継承者との間で譲渡あるいは貸借という形をとることが多く、価格設定には地域の実勢売買価格や税評価額、簿価、中古市場での流通価格、育成価などが参考にされている。ただし、これまでの成功事例の多くでは、個別の資産の評価額を積み上げただけで全体の譲渡価格等を決めてしまうのではなく、制度資金の利用に伴う経営計画の策定等と関わって、資金の返済に無理がないかなどを関係機関の協力により確認している。

第三者継承の取組み状況

　これまでの第三者継承の実施状況について、正確な数は不明であるが、各地で農業者による試行錯誤的な取組みが実施されてきたとみられる[5]。また、2008年度から実施された「農業経営継承事業」(3)では、開始から2017年度末までに全国で114件の実践研修が行なわれ、そのうち61件が研修を終了し合意書を締結している。地域別では北海道が多いものの、全国各地で取り組まれ、酪農をはじめ稲作、畑作、露地野菜、施設野菜、果樹、花き、肉用牛、養豚、養鶏など部門（作目）も幅広い。

　ただしすべての事例が順調に進んだわけではなく、114件のうち51件は途中で研修が中止になり、合意書締結に至っていない。中止になった理由は、「資産の移譲条件の折り合いがつかない」「経営の方向性に関する考え方の不一致」「移譲者と継承者、およびその家族の人間関係が悪化」「移譲者が継承者を従業員のように扱う」「移譲者の子どもが就農することになった」「養子縁組を要望された」「継承者の研修態度が悪い」「継承者の怪我、体調不良」「経営環境の悪化で継承者が継承を断念」など様々である。

　その他にも、合意書などの文書がつくられないことが継承者の不信感を招き、それが失敗の原因の一つになった事例もある[6]。さらにこの事例では、技術面でのフォローや収入確保等の理由で、移譲者は継承後も臨時雇用として経営に関わり続けることになった。しかし、移譲者の求める賃金水準と継承者が現実的に支払い可能と考える金額に開きがあり、この調整が難航した。加えて、

米の乾燥調製施設を移譲者の子どもが使用することになり、継承者は別の作業場を確保できなかった。このような複数の要因が重なって、この事例の継承者はいったん事業を継承したものの離農してしまった。

第三者継承の成立条件

　以上のように第三者継承には失敗事例も多くあり、成立させるためには様々な条件を満たす必要がある。

　成立条件として重要なものの一つに、移譲者と継承者の信頼関係がある。前述のように、合意書などの文書化は信頼関係構築に有効な手段の一つと考えられる。

　また、この信頼関係の構築・維持に関わる論点として、移譲者と継承者の「併走期間」の問題がある。移譲者の技術・ノウハウを確実に継承するためには、一般的には数年にわたる研修（あるいは共同経営）が必要となるが、このように併走期間が長期になることは両者の信頼関係喪失のリスクを増大させ、また前述の事例のように、その間の所得配分問題が発生する可能性も高まる。一方で、併走期間が短いと技術・ノウハウが継承されないリスクが高まる[7]。これに対しては、併走期間が長期になる場合は共同経営を法人化して継承者の立場や報酬を明確にしておくこと、併走期間を短くするために、事前に別の農業法人等での就業により十分な技術を習得した後に第三者継承を行なうことなどが提案されている[8]。

　また、第三者継承が成立するためには、資産の評価および継承方法について移譲者と継承者が合意する必要がある。しかし、利害が対立する当事者だけでその調整を行なうのは難しく、また税務等の専門的な知識も求められる。この問題に対しては、多くの事例で関係機関による支援が行なわれているが、後継者のいない農業者が第三者継承を支援する組織をつくり、関係機関とともに各種の調整を自ら行なっている事例もあり、組織的な対応が有効であると考えられる[9]。

　このように現状では、第三者継承にはクリアすべき条件が様々あり、誰でも簡単に取り組めるものとはなっていない。しかし、成功すれば地域の農業の担い手育成に大きな効果をもたらすものでもある。次に紹介する事例はこのことを端的に表している。

(4) 第三者継承による就農事例と事業展開
―― (株) 情熱カンパニーの取組み

第三者継承のマッチングまで

徳島県にある株式会社情熱カンパニーは、新規就農者である三木義和さん（39歳）が、第三者継承を通して就農するのと同時に創設した農業法人である。三木さんは県内の非農家出身で、関西で人材派遣会社に就職したが、起業したい思いが強くなり、28歳で独立して人材派遣会社を立ち上げた。その後、一生続けていける仕事を模索するなかで、農業に注目するようになった（図3-4-2）。

2010年、31歳のときに、レタスやネギ等の大規模栽培を行なっている農業法人K農園で研修を受けることになった。すでに三木さんの頭の中には、「年商1億円以上、若いメンバーが中心となり社員が夢をもって働ける会社」という目標があったが、この法人はそれに近い形で事業を展開しており、また、独立就農支援の実績もあった。

研修では農作業だけでなく、栽培管理や従業員のマネジメントも学んだ。研修の途中で、K農園の代表から後に第三者継承の相手となる移譲者Aさんの話を聞き、紹介してもらうことになった。移譲者は後継者がいなかったため、使用していないハウスや農地などがあり、それらの引き受け手を探していた。

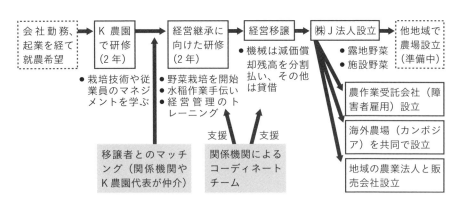

図3-4-2　第三者継承の経過と経営開始後の展開

注：聞き取り調査により作成。

その情報が、農協や農業資材会社を経由してK農園の代表に伝わり、三木さんに話が持ちかけられたのである。

移譲者との2回の面談を経て第三者継承の大まかな方向性がまとまったため、2012年に三木さんはK農園を退職し徳島県に移住した。また、第三者継承にあたっては「農業経営継承事業」を活用することになり、農協や農業会議、農業委員会などによるコーディネートチームがつくられた。

第三者継承に向けた取組み

第三者継承に向けて、2年間の研修が行なわれた。移譲者は水稲18haを栽培しており、農業機械や倉庫が整備されていたほか、使用していないハウスが60aあった。三木さんは野菜の生産を中心に考えていたため、ハウスでチンゲン菜の栽培を始め、水稲を少し手伝う形で研修を始めた。チンゲン菜を選んだのは、栽培期間が短く、短期間で収入が得られること、農協に部会があったため地域に適している作物であり栽培ノウハウも蓄積されていると判断したことが理由である。

移譲者はそれまで野菜をつくっていなかったが、稲作の先行きを懸念していたこともあり、野菜づくりを目指す三木さんに自分の考え方でやらせるスタイルをとった。一般的に第三者継承は、栽培品目を含めて移譲者の経営内容をそのまま引き継ぐケースが多いが、ここでは、栽培技術そのものというよりは、経営についての考え方や実践方法、地域とのつき合い方などを学ぶことに重点がおかれた。さらに、農業経営者としての経験を積むために、研修の最初から移譲者名義の通帳が三木さんに渡され、お金の管理も任された。

栽培技術に関して、三木さんはチンゲン菜の栽培は未経験だったので、近隣の農家や研究機関に相談するなど、積極的に情報収集を行なった。しかし、それでは思うような成果が得られず、最終的には土壌分析や施肥設計を行なうコンサルタント会社に相談して土壌改良を進め、その後は有機質肥料を使用した減農薬栽培を継続している。

また、移譲者との関係は良好であったが、三木さんには、第三者継承は人間関係次第で中止になることもあるという不安があった。そこで、栽培や経営に対する移譲者の基本的な考え方を尊重し、また仕事への姿勢やお金を使う感覚なども合わせるようにして、移譲者との信頼関係の構築や維持に努めた。同時

に、自分の夢や考えに対して移譲者から理解を得られるよう、積極的にコミュニケーションを図った。例えば、当初は農薬の使い方も移譲者の考え方に即したものであったが、世の中が減農薬の方向にあることを少しずつ丁寧に伝え続け、減農薬栽培にチャレンジすることを認めてもらった。

2年間の研修を通して、三木さんがやりたい経営の形がある程度できてきたことから、継承後は三木さんが100％出資して農業法人を設立することにした。また、研修期間中からコーディネートチームの支援のもとで、継承する資産の内容や継承方法を検討し、2014年に継承合意書を締結した。機械は減価償却残高に応じて譲渡価格を設定し、長期の分割払いとした。農地や倉庫・ハウスは貸借である。

継承後も、移譲者は別経営で農業を続けており、70歳になる現在も水稲とキャベツを生産している。将来、移譲者が農業をやめるときにはその借地を情熱カンパニーが引き継ぐことになる。また、移譲者から様々なアドバイスをもらう関係も続いており、法人の従業員からの信頼も厚い。とくに、長年の経験から、天候の影響についてのアドバイスが得られることが大きいという。

就農後の展開

三木さんは合意書を締結した2014年に、資本金50万円で（株）情熱カンパニーを設立し、本格的に野菜等の生産を開始した（表3-4-2）。ハウスではチンゲン菜を6回転、露地ではチンゲン菜、キャベツ、白菜、ブロッコリー、オクラ、かぼちゃ、ネギ、水稲などを栽培している。

販売先は、県内外のスーパー、野菜加工工場、宅配サービス業者、JA、ホテル、病院などである。配送・輸送は行なわず、集荷にきてもらう形をとっている。

組織全体の体制は、役員（出資者）が1名、正社員9名、常勤パート30名となっている。多様性を重視しているため、従業員は10代から70代までと幅広く（平均年齢は39歳）、定年も設けていない。経営を開始して2年程度は三木さんも農作業を行なっていたが、現在はマネジメントに専念し、現場の作業は品目ごとに配置したマネージャーが取り仕切っている。

また、野菜の販売先である病院から、患者のリハビリの一環として就業体験の受入れの要請があり、これをきっかけに2015年に（株）チーム情熱を設立

表 3-4-2 （株）情熱カンパニーの経営概要

設立	2014 年		
形態	株式会社		
資本金	50 万円		
役員（出資者）	1 名		
従業員	正社員 9 名、常勤パート 30 名（農作業受託会社との合計）		
経営内容	作付品目 （2017 年）	ハウス	チンゲン菜 0.5ha（周年）
		露地	水稲 WCS 10ha オクラ 0.3ha キャベツ 10ha 白菜 1ha ブロッコリー 1ha レンコン 0.2ha 青ネギ 0.5ha（周年）
	販売先	スーパー、野菜加工工場、宅配サービス業者、農協、ホテル、病院等	
関連事業	農作業受託会社（2015 年設立、障害者を雇用） カンボジア農場（現地在住日本人と共同で経営） 農産物販売会社（地域の農業法人と共同で経営）		

注：情熱カンパニー資料および聞き取り調査から作成。

した。軽度の障害者をチーム情熱で雇用し、本人の体調や特性、農作業の状況に応じて、情熱カンパニーや地域の他の野菜農家から農作業を受託し、障害者の働く場を拡大させている。

　三木さんはチーム情熱の事業を通して、働く人それぞれの「光るもの」を見出し、その人に合った、楽しいと思える得意な作業を役割として与えることで「人を生かす」ことを学んだという。そして、野菜づくりには、障害者を含めた多様な人材の個性や特性、経験が生かせると考えている。

　一方で、独立して 2 カ月後に台風でハウスへの浸水によるチンゲン菜の全滅、ネギ畑の壊滅的な被害を経験したことなどから、農業経営の難しさを学ぶとともに、日本の将来の農業経営像を考えるようになった。そのなかで外国の農業のあり方に興味をもち、いくつかの国を見て回るなかで、カンボジアに注目した。カンボジアでは消費される野菜の 8 割を輸入しており、品質もよくない。そこで、カンボジア国内で新鮮かつ「安心安全」な野菜を生産し、生産者から見て適正な価格で販売することで、新しいマーケットをつくり、そしてカンボジア農業の未来像を描けるのではないかと考えた。

パートナーとなる現地在住の日本人と知り合い、現地での生産を開始した。農場は約40haあり、マンゴー、バナナ、パイナップルのほか、野菜など約30品目の有機栽培を行なっており、カンボジア国内向けに販売している。また、ドライフルーツやマンゴーワインなどの加工も行なっている。さらに、観光地に近いという立地を生かして、観光客向けの農業体験事業も開始した。従業員はすべて現地採用で、20名が働いている。三木さんは、日本にいる間はテレビ会議で連絡をとっているが、現地にも頻繁に赴いている。

また、徳島県内の大規模農業法人と共同で農産物販売会社を設立した。生産者がまとまることでロットや品揃えを確保し、販売先の確保につなげるねらいがあり、年間約60品目をFAX1枚でオーダーできる体制をつくった。情熱カンパニーでは、全体の半分程度をこの会社を通じて販売している。

また、主要な取引先のいくつかが関西を拠点としているため、送料の負担などを考慮し、2018年冬からの生産を目標に関西で新しい農場の設立を進めている。現在、従業員の1人が現地に入り、農地や従業員の確保などの準備を行なっているところである。

第三者継承への評価

三木さんは、第三者継承のよかった点として、①インフラが整った状態で、かつ研修時の給与を貯めて準備した資本金だけで経営をスタートできたこと、②技術も何もない状態でも移譲者がいることで農地や倉庫・作業場が確保でき、さらに地域の人との関係づくりも円滑に進められ、短期間で大型経営を目指せたこと、③見ず知らずの地域に移住してきても、いろいろなことを相談できる相手がいたことをあげている。

一方で、第三者継承に際してとくに気をつけたこととして、①移譲者の栽培や経営に対する考え方をしっかり理解すること、②自分のやりたいことを少しずつ丁寧にしっかり伝えること、③移譲者にも自分にも双方利益があることを常に考えること、④自立継続経営ができるような合意書を目指すこと、⑤災害時など困ったときにも移譲者から経済的な支援を受けないことをあげており、移譲者との信頼関係やコミュニケーションを第一に考えながら、経営者としての自立を目指していたことがわかる。

(5) 第三者継承の支援と今後の課題

これまでの第三者継承の事例は、ほとんどが移譲者の事業をそのまま継続しようとするものであった。それにより比較的短期間に専業的な経営として自立できるところが第三者継承のメリットとしてあげられるが、本節で紹介した三木さんの事例は、農業分野での多様な事業展開に向けて、最初の基盤づくりに第三者継承を活用しており、第三者継承の新たな可能性を示すものといえる。

この事例が成功した要因は、第一には三木さん自身の経営者としての資質や熱意、努力によると考えられるが、同時にこの事例でも、関係機関で構成されたコーディネートチームによる支援が大きな役割を果たしている。コーディネートチームは研修の進捗状況の確認や資産の継承に関する調整、合意書作成支援などを行なったが、とくに資産の継承に関しては、具体的な金額などの相談は三木さんと移譲者とで直接行なわずに、チームで検討するようにしたという。

第三者継承に対する一般的な支援の手順は、図 3-4-3 のとおりである。まず、具体的なマッチングの前に、地域の担い手育成の方向性について関係者が共通認識をもっておくことが望ましい。とくに、第三者継承が単なる資産売却ではなく、新しい担い手の確保を目的としていることを理解しておく必要がある。

移譲や継承を希望する人が現れた場合は、移譲者は親族の理解が得られているか、継承者は農業経営者になる意欲があるかなどを確認したうえで、両者の面談や事前研修を通し

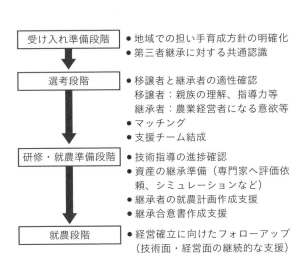

図 3-4-3 第三者継承の支援手順

注：農研機構経営管理技術プロジェクト[2]を一部修正して作成。

てマッチングを行なう。実践的な研修に入ることになれば、関係機関が参画した支援チームをつくる。研修中はその進捗や両者の関係を確認しながら、税理士等の専門家を活用して資産の継承に関する検討を行ない、継承合意書に反映させる。その際、譲渡価格やリース料の設定が適切であるかを、継承者の経営計画を策定するなかで確認することが重要である。

経営移譲が行なわれた後も、継続的な支援が必要である。これまでにも、経営移譲後に継承者が経営を断念した事例があり、とくに農業経験が少ない継承者の場合には、技術面・経営面のフォローアップが不可欠である。

これまでの成功事例でも、地域で支援体制がとられていたケースがほとんどである。中核となる組織は事例によって異なるが、市町村、農協、普及センター、農業委員会等の様々な関係機関が参画しているのは共通している。

第三者継承は個々の事例によって課題や進め方が異なるため、支援方策についてすべてをマニュアル化するのは困難である。一方で、地域内で支援の経験があると、そのときの経験を次の取組みに生かすことができる。したがって今後は、各地域でのノウハウの蓄積と、そのための情報共有の仕組み作りが重要になる。また、移譲者や継承者の心理面にも配慮しつつ、合理的な継承へ導く仲介者の育成も課題である。さらに、地域での研修を経て、就農希望者の意向や適性に応じて第三者継承や一般的な独立就農へとつなげていくような地域の仕組みづくりも、今後さらに重要になると考えられる。

注

1　島［3］ではアンケート調査の分析から、第三者継承は一般的な独立就農に比べて比較的大規模で経営を開始していることが示されている。
2　第三者継承の特質に関しては、その他に柳村ほか［4］が、有形資産と無形資産の一体的譲受は新規就農者の経営破綻リスクを低下させるが、同時に経営継承失敗リスクを抱えると指摘している。
3　「農業経営継承事業」は、農林水産省補助事業として全国農業会議所が実施したもので、マッチングから実践的な研修を経て合意書締結までを、研修費用の助成のほか、地域の関係機関がチームで支援する体制がとられた。なお、2018年度は、農の雇用事業のうち新法人設立支援タイプにおいて研修に対する助成が行なわれている（ただし、農業法人または経営の移譲を希望する個人経営者が就農希望者を一定期間雇用し、新たな農業法人を設立するために実施する、農業技術・経営ノウハウを習得させるための研修に対して支援することとなっている）。

引用文献

[1] 山本淳子・梅本雅「第三者継承における経営資源獲得の特徴と参入費用」『農業経営研究』50（3）、2012年、pp.24-35

[2] 農研機構経営管理技術プロジェクト『新規就農指導支援ガイドブック―新参入者の円滑な経営確立をめざして』（http://fmrp.dc.affrc.go.jp/）、2015年

[3] 島義史「農業の第三者継承における経営資源の継承と経営展開：全国新規就農相談センター『新規就農者（新規参入者）の就農実態に関する調査結果』をもとに」『農業経営研究』53（2）、2015年、pp.49-54

[4] 柳村俊介・山内庸平・東山寛「農業経営の第三者継承の特徴とリスク軽減対策」『農業経営研究』50（1）、2012年、pp.16-26

[5] 山本淳子「家族の枠を超えた新たな経営継承方式の現状と課題」『農林業問題研究』154、2004年、pp.255-259

[6] 梅本雅・山本淳子「失敗事例に見る経営間事業継承の成立条件」『関東東海農業経営研究』99、2009年、pp.79-84

[7] 山本淳子・梅本雅「新規参入者への円滑な事業継承に向けた経営対応の課題と方向―並走期間の観点から」『農業経営研究』46（1）、2008年、pp.101-106

[8] 山崎政行「農業経営の第三者継承における「並走」問題への対応―養豚個人経営と稲作法人経営の成功事例から」『農業経営研究』55（4）、2018年、pp.9-14

[9] 山内庸平・東山寛「組織型リレー経営継承方式による新規参入支援の新展開：北海道美深町を事例として」『日本農業経済学会論文集』2010年、pp.105-112

第 4 章 雇用就農の実際と就農者の期待

1 農の雇用事業の成果と人材定着に向けた課題

(1) 農業雇用者の増大と労働市場

　農業分野において、常勤の雇用者（従業員）が着実に増加してきた。農業センサスによれば、2005年には常勤の雇用者は12万9000人だったが、2010年には15万4000人、そして2015年には22万人と、とくに近年は大きく増加している（表4-1-1）。その直接の要因は、雇用型の組織経営体（集落営農法人を含む）の増加にあるが、背景には、農業従事者の高齢化や家族労働力の減少だけでなく農村地域においてパート・アルバイトの確保が難しくなってきたこともある。実際、常勤の雇用者が増加するのとは対照的に、臨時雇用者は、人数、実働の人日ともに特に2010年から2015年にかけて減少している[1]（表4-1-1）。

　このような常勤の雇用者の労働市場もできつつあり、中途採用者や、大学等の新卒者の就職先にもなっている。農の雇用事業実施経営体の求人先は、ハローワーク（62％）、知人からの紹介（42％）、学校（高校、大学校、大学等）（36％）、全国農業会議所・都道府県農業会議（24％）、民間求人情報サイト（21％）、自社ホームページ（17％）の順になっている[1]。知人からの紹介

表4-1-1　農業分野における雇用者数の推移

（単位：経営体、人、人日）

		年	2005	2010	2015
農業センサス	常雇い	経営体数	28,355	40,923	54,252
		雇用者数	129,086	153,579	220,152
		雇用人日	23,348,748	31,388,325	43,215,042
	臨時雇い	経営体数	481,392	426,698	289,948
		雇用者数	2,281,203	2,176,349	1,456,454
		雇用人日	33,842,441	34,359,637	24,820,502
国勢調査		計	281,511	299,381	354,051
		正規の職員・従業員	178,070	127,504	153,992
		派遣社員	―	5,502	6,263
		パート・アルバイト等	103,441	166,375	193,796

資料：『農林業センサス』（各年版）および、『国勢調査』（各年版）より作成。
注：農業センサスは、農業経営体の値。常雇は、あらかじめ7カ月以上の契約で雇った人、臨時雇いは、日雇い、季節雇いなど（手伝いを含む）。

（42％）が第2位と多いところに農業分野の特徴が出ているが、ハローワーク、学校など、一般労働市場と同様の採用ルートも多い。

　はじめて農業分野で働いた新規雇用就農者数は、2005年から2013年までは、リーマンショック後の2010年前後で若干増加するものの、7000〜9000人程度とほぼ横ばいであったが、2014年以降は1万人を超えている[2]。上記のように、農業分野の労働市場の成立とともに、順調に雇用就農者が増加しているようにみえるが、各経営体にとっては、雇用者の確保は容易ではない。図4-1-1に示すとおり、農林業分野におけるハローワークの実績では、有効求人は2009年から顕著に増加し、2017年には17万5000件となった。この2009年を契機とした増加傾向は、2008年度補正予算から始まる農の雇用事業の後押しによるものとみてよいだろう。一方で、求職者については、求人よりも一般労働市場の影響が大きい。リーマンショック後の2009年に急増するが、その後は横ばいに推移し、人手不足が多くの業界で言われるようになった近年は、継続的に下落している。そのため、有効求人倍率はそれまで不況時を除いて0.8前後で推移していたが、2013年以降上昇し、2014年には1を超え、2015年には1.19となっている。今のところ2016年の数値は公表されていないが、全産

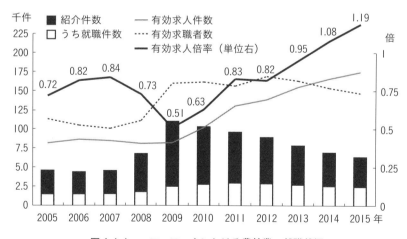

図4-1-1　ハローワークにおける農林業の就職状況

資料：厚生労働省『農林業の職業紹介状況』
注：(1) 農林業の値。求人件数では、2018年10月時点で、農業58.3％（4,932件）、林業41.7％（3,536件）。ただし農業には、造園業、競走馬の騎乗員、厩務員を含む。
　　(2) 常用＋常用パートの値であり、臨時、季節は除かれている。

業では2017年に44年ぶりの高水準（1.50）となったことを踏まえれば、よりいっそう雇用者の確保が困難になっていると思われる。

（2）農の雇用事業による新規雇用の促進

　農の雇用事業は、リーマンショック後の雇用対策をきっかけに始まった[(2)]。営農に必要な技術・経営ノウハウ等を研修生（新規雇用就農者のこと。以下、事業対象者については、研修生と表記する）に習得させるための経費を一部負担し、雇用就農を促進する制度であり、直接には人件費の補填を目的とはしていない。研修生1人当たり、月額最大9万7000円、研修指導者への研修も含めて年間最大120万円が助成される。給与補填が事業目的ではないとはいえ、経営体にとっては新規に雇用した場合に年間最大120万円の助成を受けることができ、金銭負担の軽減により新規雇用が促進されることは間違いない。

　本事業は募集枠も大きく、雇用就農者総数の増大に寄与している。本事業の前身事業である「先進経営体実践研修」は年間100名前後の規模であったが、農の雇用事業第1回目の募集となった2008年度補正予算では、募集枠1000人、翌2009年度は募集枠2500人となり、規模が拡充された[(3)]。表4-1-2は、農の雇用事業の実績の推移である。2011年度までは、助成期間は1年間、2012年度以降は2年間である。採択率は、経営体では85％程度、研修生では80％強程度である。募集枠よりも採択数が多いのは、2008年度、2010年度、2013年度のみである。研修生の採択率が低いのは、2008年度の66.2％のみであり、事業が始まった最初の募集では、要件を満たしても募集枠（予算規模）から採択されなかった研修生が少なからずいたであろうが、それ以降は、充足率が高く、研修生の採択率が低い回はないため、事業要件を満たせば、基本的には採択になっていると見られる。なお、補正予算の場合も会計予算年度として整理しているが、実際には補正予算は次年度当初予算と一体的に予算措置されている場合も多く、そのために募集枠や応募数を年度ごとに増減することもある。

（3）農の雇用事業の採択要件の変化と各期別の特徴

　本事業は、研修生への研修経費への助成という原則は継続しているが、重点

表 4-1-2　農の雇用事業の実績の推移

年度	募集回数	経営体 応募数 A	経営体 採択数 B	経営体 採択率 B/A	研修生 応募数 C	研修生 採択数 D	研修生 採択率 D/C	研修生 募集枠 E	研修生 充足率 D/E
2008	1	1,148	1,055	91.9	1,851	1,226	66.2	1,000	122.6
2009	2	1,772	1,692	95.5	2,749	2,370	86.2	2,500	94.8
2010	2	1,940	1,659	85.5	2,775	2,246	80.9	1,950	115.2
2011	2	1,260	1,076	85.4	1,816	1,503	82.8	1,550	97.0
2012	5	3,483	3,271	93.9	4,675	4,298	91.9	4,625	92.9
2013	3	2,618	2,480	94.7	3,478	3,240	93.2	2,625	123.4
2014	4	2,959	2,804	94.8	3,885	3,637	93.6	4,500	80.8
2015	6	3,125	2,955	94.6	4,077	3,792	93.0	4,750	79.8
2016	5	2,347	2,145	91.4	3,056	2,758	90.2	4,000	69.0
2017	4	2,129	1,958	92.0	2,769	2,513	90.8	2,900	86.7
2018	1	374	340	90.9	441	394	89.3	2,550	15.5

資料：全国農業会議所資料より作成。
注：(1) 経営体数は、各年度ののべ数（同一経営体が2回採択された場合、2となる）。
　　(2) 2018年度は第1回時点。

的に取り組むポイントや事業要件、内容は変更されてきた（表4-1-3）。ごく大まかに筆者なりにまとめれば、2008～2011年度は雇用対策期、2012～2015年度は人材育成期、2016年度以降は定着対策期と呼べる。ここでは、各期ごとの特徴について、雇用条件や就業環境の整備の面から整理したい。

2008～2011年度は、不況対策として雇用支援がなされた。助成期間は1年間で、事業要件の変更も多く、試行錯誤をしながらの運用のようにみえる。季節雇用、パートは対象ではなく、いわゆる正職員が対象である。2008年度は、1年以上であれば雇用期間が定められている研修生も対象であったが、2009年度以降は、雇用期間の定めのない雇用契約を結んでいる者が対象となった。

研修生の農業就業経験について、2008年度は「短いこと」とされ、期間は明記されていない。募集枠を多く越える応募があり、農業就業経験も優先採択の評価点とされていたかもしれない。2009、2010年度は大きな変更はないが、農業就業経験は3年未満、雇用保険は従業員5人未満の個人経営の場合は猶予された。北海道や東北、北陸では、冬期の業務が少ない場合が多く、雇用保険に加入したくてもハローワーク側に難色を示される場合もあったため、「やむを得ない事情」がある場合には、必須要件からは外された。2011年度は予算の減額から募集枠が1550研修生と減少したこともあり、要件が厳しくなった。

農業就業経験は1年未満と短くなり、法人の場合は本来加入義務がある健康保険、厚生年金への加入も要件とされた。

2012年度からは、雇用対策の側面から人材育成の側面に重心が移行した。農林水産省は、青年新規就農者を毎年約2万人定着させるとの政策目標を打ち出し、そのための主要施策として、当年度に創設された青年就農給付金制度とともに、新規就農総合支援事業（うち新規就農者確保事業）に位置づけられたのである。助成期間が2年間となり、就農初年度だけでなく継続的な支援と

表4-1-3 農の雇用事業の要件の推移

年度	重点	助成期間	研修生			雇用契約						健康保険（法人）・厚生年金	就業規則（従業員10人以上）	定着率
			農業就業経験	原則45歳未満	当該経営体での就業が4カ月以上	雇用期間	労災保険	雇用保険						
								5人以上の個人	法人および従業員5人以上の個人	従業員5人未満の個人経営で、やむを得ない事情がある場合				
2008	雇用対策	1年	短いこと3年未満			1年以上または期間の定め無し	○	○	○					
2009		1年					○	○	必須ではない					
2010		1年	3年未満			期間の定め無し	○	○	必須ではない					
2011		1年	1年未満			期間の定め無し	○	○	猶予される		○			
2012	人材育成	2年	5年以内	○		期間の定め無し	○	○	○					
2013		2年	5年以内	○		期間の定め無し	○	○	○					
2014		2年	5年以内	○		期間の定め無し	○	○	○					
2015		2年	5年以内	○		期間の定め無し	○	○	○					
2016	定着率向上	2年	5年以内	○	○	期間の定め無し	○	○	○			○	○	
2017		2年	5年以内	○	○	期間の定め無し	○	○	○			○	○	○
2018		2年	5年以内	○	○	期間の定め無し	○	○	○			○	○	○

資料：表4-1-2に同じ。

なった。また、研修生の農業就業経験については、2011年度はそれまでの3年未満から1年未満へと縮小されたが、2012年度からは5年未満へと拡大され、より幅広い人が対象となることになった。年齢は、青年就農給付金制度と同様に45歳未満とされ、高齢者を含めた雇用対策ではなく、長期的に農業で働ける者が対象とされた。さらに、2013年8月からは、研修記録簿の様式が変更され、研修内容のより詳細な記録と、研修責任者によるコメントが必要となった。国庫補助事業として、全ての助成に対して、その助成を行なう根拠資料を整備しておくためでもあるが、本事業の本来の目的である「営農に必要な技術・経営ノウハウ等の習得」の効果をより発揮させるための制度変更でもあった。実際の記録の方法や、研修記録簿の活用状況は各経営体により異なるであろうが、これにより、各研修生の作業日誌が詳細に記録されることになり、研修生と研修生責任者とのコミュニケーションも深まったと思われる。

2016年度以降は、事業実施経営体および農業界への定着率の向上に重点を移してきた。2012年度から始まった助成期間2年、農業就業経験5年未満、45歳未満という事業内容、要件については、現在まで継続している。そのため、2012年度以降は、雇用対策よりも人材育成を重視しているという点は変わらない。ただし、(5)で具体的に示すが、農の雇用事業の助成対象となった研修生の定着率がやや低いと、会計検査院や自民党農林部会から指摘があり、定着率の向上を図るよう、事業要件が変更されている。まず、就農直後の離職が少なくないことから、当該経営体での就業経験が4カ月以上の者が対象とされた。基本的には、当該経営体での採用当初から雇用期間の定めのない雇用契約を想定しているが、厚生労働省によるトライアル事業の対象者については、トライアル事業終了時に正社員に変更した場合も対象となる。そのほか、法人であれば加入義務がある健康保険、厚生年金保険への加入もふたたび要件とされた。さらに、常勤の従業員が10名以上いる経営体では作成・届出の義務がある就業規則についても、要件となった。このように、法令遵守をすすめ、定着率に影響があるとされる雇用条件の改善について、事業要件化が行なわれた。

また、2016年度以降は、定着率が低い経営体に対して、事業実施主体である全国農業会議所が「改善指導通知」を発出する。通知を受けた経営体は、継続雇用していない研修生について、離職の実態の報告とともに、改善策をた

て、その実施状況を報告することとなった。

　さらに、2017年度からは本事業をすでに行なったことがある経営体について、過去の研修生の定着状況が、採択の要件とされた。2017年度は、過去5年間に本事業の対象となった研修生が2人以上いる場合、そのうちの3分の1以上が定着していることが要件となった。ただし、研修生の病気、結婚を機にした転出、介護など、経営体にとっては「やむを得ない事情」により、離職する場合も少なくない。その場合は定着率計算の母数から外される。この定着率要件は、2018年度からより厳しく運用されるようになった。定着率が3分の1以上から、2分の1以上に引き上げられるとともに、「やむを得ない事情」についても、本当にやむを得ないのかどうか、それまでよりも厳格に判断されるようになった。経営体としては、日頃から研修生が病気やケガにならないように注意し、就業環境を整えるべきであり、そのことを促すためにも、特段重大ではない病気やケガは、やむを得ない理由には含まれないようだ。このように、定着率の向上に向けて、事業要件を変更させてきたのである。

（4）農の雇用事業の実施を通じた労働条件・就業環境の整備

　事業要件の変更の推移からもわかるように、本事業は、雇用者数の増加を促しただけではなく、雇用した際に必要となる様々な労働条件や就業環境の整備にも寄与してきた。特に、農業界は以前から、雇用関係を結ばない研修を行なうことや、口頭のみの雇用契約で労働条件を明記しないまま雇用している場合も少なくなかった。人を雇う際に守るべき労働法制の知識をもともともっている農業者はそれほど多くない。本事業は、個人、法人を問わず、そのような経営体が正職員を雇用する際に必要とされる管理業務や労働条件・就業環境の整備を指導してきた側面がある。事業応募の際の都道府県農業会議のチェック・助言や、事業実施の際に行なわれる研修会、現地巡回によって、（3）で述べた事業要件以外に、以下のような就業環境の整備が行なわれている。

　まず、法定3帳簿（出勤簿・賃金台帳・労働者名簿）の整備である。出退勤、休憩時間や残業を含めて、労働時間を管理することは、雇用の際の大原則である。農業では、勤務場所が事務所以外に分散していることも多く、これら

が管理されていない場合も少なくなかったが、本事業実施の際には、法定3帳簿の整備が確認される。

次に、最低賃金以上の給与支払いである。あまりにも当然のことではあるが、日本では、多くの業界、企業でサービス残業が行なわれている。労働時間を管理し、残業代も含めて最低賃金以上の給与支払いが行なわれるように、助成金支払いの際に確認されている。

実施経営体の性格、就業環境の整備の状況については、2015年度以降、農林水産省「農の雇用事業に関するアンケート調査結果概要」が公表されている。図4-1-2に、主要な指標について、2012～2015年度（調査時点2015年7月、回答数3334経営体、当該回答項目2300法人、1012個人経営）と2016～2017年度（調査時点2017年6月、回答数1529経営体、当該回答項目1135法人、386個人経営）を示した。

社会保険（健康保険、厚生年金保険）については、法人は加入義務があるが、事業上は2011年度と2016年度以降が事業要件となっている。そのため、2012～15年度はそれぞれ88％、87％であるが、2016～17年度は、100％となった。その他の指標についても、2012～15年度から2016～17年度にかけ

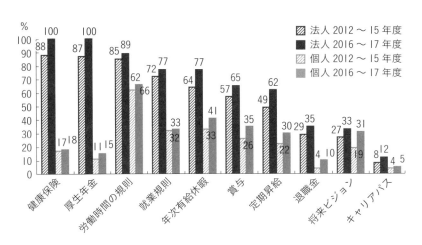

図4-1-2　農の雇用事業実施経営体における就業環境の整備状況
資料：農林水産省「農の雇用事業に関するアンケート」
注：2012～2015年は、2012年度以降に農の雇用事業を実施した経営体（調査時点2015年7月）。2016～2017年は、2016年度以降に実施した経営体（調査時点2017年6月）。

て全ての数値が上昇しているが、これは、各経営体がこれらの指標について取組みを進めた側面もあるが、健康保険、厚生年金保険が必須要件になったことにより、事業への参加を取りやめた経営体の影響もあるとみられる。つまり、健康保険、厚生年金保険へ加入していない法人は、その他の取組みもそれほど進んでいない可能性が高く、そのような法人が事業に参加しなくなったことにより、その他の指標の数値が上昇したともとれる。社会保険については、経営体が半額負担する仕組みであり、その金額も小さくない。そのため、個人では、どちらも加入割合は上昇しているものの、20％未満となっている。

　就業環境整備の主要な取組みである、労働時間の規則（始業・終業の時刻、休憩時間）、就業規則、年次有給休暇の整備であるが、法人では、労働時間の規則（85→89％〈2012～2015年度から2016～2017年度への変化を示す。以下同様〉）、就業規則（72→77％）、年次有給休暇（64→77％）と大半で整備が進んでいる。個人では、労働時間の規則は62→66％と多くが整備しているものの、就業規則と年次有給休暇の整備は半数未満である。就業規則は、2016年度以降は法定どおりに常時従事者が10人以上いる経営体では必須要件となったが、数値はそれほど上昇していない。10人未満の法人が多いためと思われる。農業では、季節ごとの繁閑の差が大きい作目、経営が多い。そのため、年次有給休暇の制度を有効に活用することが、直接的な経営体の金銭負担がなく、研修生の満足度を高める方法である。法人では、2012～2015年度から2016～2017年度にかけて13％と大きな伸びを見せている。

　次に、重要な指標である給与関連の指標であるが、給与水準そのものについての調査項目となっておらず、賞与制度、定期昇給制度、退職金制度の有無が示されている。それぞれ、賞与制度（法人57→65％、個人26→35％）、定期昇給制度（法人49→62％、個人22→30％）、退職金制度（法人29→35％、個人4→10％）と、全てで上昇している。賞与制度は、経営体の経営状況に応じて支払うことができ、比較的導入しやすいと考えられ、もっとも高い値を示した。研修生の定着には、中長期的な生活設計ができるかが重要と考えられるが、そのためには定期昇給制度、退職金制度が有効であろう。定期昇給制度は、賞与制度ほどではないが、ほぼ同じくらいの割合で導入されている。賞与制度や定期昇給制度も制度があるだけでなく、その水準や、運用方法（人事評価との連動や公平な運用等）が重要だが、これらは不明である。

中長期的な生活設計に関連して、「従業員に会社の5年後・10年後の将来ビジョンを示す」と「中長期的な社員の育成計画・給与計画（キャリアパス等）の明示」、が調査されている。将来ビジョン（法人27→33％、個人19→31％）は、個人経営でも行なっているところが増え、法人と同水準となっている。キャリアパス（法人8→12％、個人4→5％）は、総じて低い値となっている。法人では、12％まで導入が進んでいるが、将来の生活が見通せるようにするためにも、賃金表を作成し従業員に示すことは、強く求められるだろう。本事業実施者の中には、常勤の雇用者がいるようになってから数年しか経っていない経営も多く、年齢や勤務年数に応じた賃金表を作成しても該当者がいないこともあるだろう。しかし、研修生の定着には、該当者が現れる前に、あらかじめ示すことが求められよう。

　本事業を通じた労働条件や就業環境の整備について述べてきたが、初めて本事業に取り組む経営体数の推移を表4-1-4に示した。確認できたのは、人材育成期である2012年度以降である。研修期間が2年間、それまでの農業就業経験が5年未満となり、採択数が倍増した時期である。そのため、事業内容・要件の変更をきっかけとして本事業に取り組むことにした経営体が多く、2012年度に採択された経営体のうち、50.2％が初めてであった。それ以降、初めて本事業に参加する経営体数の割合は低くなっていくものの、2016年度でも30.3％は初参加であった。このように、本事業を通じた労働条件や就業環境の整備は、以前から事業を行なっている経営体がよりよい制度を導入するだけでなく、初めて事業に参加する経営体に対して、労働法制の基本から指導、普及する効果もあった。

　表4-1-4の右側は、農林水産省の資料における[3]、研修を実施した研修生数の推移である。「支援実績」との項目であることから、実際に助成金の支払いが行なわれた研修生数と思われる。また、2012年度以降は研修期間が2年間となったが、研修を実施した研修生のうち、その年度に採択となった研修生数が「うち新規分」として示されていた。これらの実績とともに、表4-1-2でも示した採択数を表記した。

　事業運営上、助成金の支払いには、3カ月以上の研修実績が必要である。そのため、採択数と実施数の差から、3カ月以内の離職者のおおよその動向が確認できる。もちろん、採択されても助成金の支払いがないケースの中には、離

職はしなくても、例えば提出書類を整備できないなどの理由で、事業の実施から辞退する場合もあり得るが、離職のケースも少なくないと思われる。実施割合は、2012年度81.5％、2015年度82.3％と少なくない研修生が、採択されても研修助成がされていない。2013年度95.6％、14年度96.1％と高い値となっている。事業を中断・再開する場合など、年度ごとの合計値が合わない場合もありうるが、2012、15年度と2013、14年度とで大きく数値が異なる理由は不明である。ただし、総じて10％前後は3カ月以内に離職していると思われる。

つづいて、継続者数と前年の新規実施者数の割合から、新規に実施した者のうち、どの程度が次年度も継続して研修を行なっているかが分かる。表を見ると、研修を3カ月以上行なった研修生のうち、2年目に進むのは60.5～66.6％

表 4-1-4 農の雇用事業の新規採択者と継続者の推移

年度	経営体			研修生					
	採択数 A	うち初実施 B	初実施率 B/A	採択数 C	実施合計 D	うち新規 E	実施割合 E/C	うち継続 F=D-E	継続割合 G=F/前年E
2008	1,055	—		1,226		1,031	84.1		
2009	1,692	—		2,370		1,972	83.2		
2010	1,659	—		2,246		1,911	85.1		
2011	1,076	—		1,503		1,272	84.6		
2012	3,271	1,642	50.2	4,298	3,501	3,501	81.5	0	
2013	2,480	1,074	43.3	3,240	5,339	3,097	95.6	2,242	64.0
2014	2,804	1,067	38.1	3,637	5,369	3,496	96.1	1,873	60.5
2015	2,955	944	31.9	3,792	5,448	3,121	82.3	2,327	66.6
2016	2,145	650	30.3	2,758					
2017	1,958	—		2,513					
2018	340	—		394					

資料：全国農業会議所資料および農林水産省［3］より作成。
注：(1) 実施研修生については、農林水産省［3］、それ以外については全国農業会議所資料および農の雇用事業HPから作成した。
(2) 経営体数は、各年度ののべ数（同一経営体が2回採択された場合、2となる）。
(3) 2008～2011年度は助成期間1年間。2012年度以降は、採択数ともに研修継続への応募を含む。
(4) 経営体の「うち初実施」は、初めて農の雇用事業に応募した経営体数。
(5) 2018年度は第1回のみ。
(6) 継続割合は、前年度採択者のうち、2年目に研修を採択した人の割合。研修中断を含めていないため、若干の誤差があると思われる。

となっており、それほど高い値とはなっていない。農の雇用事業の研修生の中には、もともと独立就農を目指しており、そのために農の雇用事業に参加している場合もある。政策目標は、青年新規就農者を毎年約2万人定着させることであるため、離職自体は問題ではなく、経営者や、他の経営体で農業に就いていれば、事業の実施目的を果たしているともいえる。この点については次の項目で検討を続ける。

(5) 定着の状況

農の雇用事業の成果、特に、事業実施経営体および農業界への定着状況については、強い関心が寄せられてきた。研修の中止数などの詳細は公表されていないが、会計検査院の検査報告および農林水産省の「農業競争力強化プログラム」からある程度確認できる。

①会計検査院「検査報告」

会計検査院は、農林漁業における新規就業者支援事業、具体的には、新規就業者雇用事業(農の雇用事業〈実施主体：全国農業会議所、事業開始：2008年度〉、緑の雇用事業〈実施主体：全国森林組合連合会、事業開始：2003年度〉、漁業就業者研修事業〈実施主体：(一社) 全国漁業就業者確保育成センター、事業開始：2001年度〉)および青年就農給付金事業(実施主体：全国農業会議所、給付主体：都道府県または青年農業者等育成センター〈準備型・地域〉、全国農業会議所〈準備型・全国〉、市町村〈経営開始型〉)を対象にしている。

5年間分の事業対象者について、一時点での状況を把握しているため、雇用開始から○年後で離職率○％といった計算はできない。農の雇用事業の場合、最も古い2008年度募集(2009年3月研修開始)の場合、研修開始から6年後時点、最も新しい2013年度第3回募集(2014年3月研修開始)の場合、研修開始から1年後時点、となる。また、雇用開始時期も研修生により異なっている。なお、助成金を受けた研修生の定着状況を確認しているため、採択はされたけれども助成の対象とならなかった研修生、つまり、事業上の研修期間が短いうちに離職等の理由により研修中止された研修生(研修期間3カ月未満)

は、検査対象となっていない（母数から外れている）。

表 4-1-5 から農の雇用事業（農業）に着目すると、2008 〜 2013 年度に助成金の交付金を受けている研修生 3870 名のうち、2015 年 3 月の時点で在職していたのは、1543 名（在職率 39.9％）である。緑の雇用事業（林業）54.8％、漁業就業者研修事業（漁業）50.7％よりも低い値になっている。農の雇用事業の研修生の中には、研修後、あるいは研修中に離職し、経営者として独立する者もいる。離職者のうち、それぞれ当該産業（農林漁業）から離れなかった者の割合を見ると、農業 25.8％、林業 16.4％、漁業 13.8％となっている。離職者のうち、独立して経営者となる者や、同じ産業の他の経営体で働く者の割合は、農業が一番高い。そのため、農業は、定着率（在職者と、離職者のうち当該産業から離れなかった者の割合）と在職率との差が最も大きくなっているが、それでも定着率は低い。

つづいて、離職までの期間であるが、農業から離れた者 3870 人のうち、研修開始から 1 年未満の離職は 496 人、1 年以上 3 年未満が 972 人、3 年以上が 258 人となっている。調査対象者が、研修開始から 3、4 年しか経っていない者も多いため、3 年以上の人数が少なくなっている。1 年以上 3 年未満が 972 人であるため、1 年当たり 486 人である。これは、1 年未満（実際は 3 カ月以上 1 年未満）の人数とそれほど変わらない。3 カ月以上研修が継続した場合、期間当たりの離職率は 3 年目まで大きな変化はないようだ。

表 4-1-5 農林漁業における雇用支援対象者の定着状況

(単位：人、％)

事業名	研修生計 A	在職者 B	在職率 B/A	離職者 C	うち農林漁業から離れなかった者 D	うち農林漁業から離れた者 E	離職者のうち、業界に残った割合 D/C	定着率 (B+D)/A
農の雇用事業	3,870	1,543	39.9	2,327	601	1,726	25.8	55.4
緑の雇用事業	3,853	2,112	54.8	1,741	285	1,456	16.4	62.2
漁業就業者研修事業	896	454	50.7	442	61	381	13.8	57.5

資料：会計検査院［4］から作成。
注：2008 〜 2013 年度に助成金の交付を受けた研修生の、2015 年 3 月時点での定着状況である。

② 農林水産省「農業競争力強化プログラム」（2017年4月）

農林水産省「プログラム[3]」では、人材育成期が始まった2012年度の新規採択者（うち研修助成のあった者3501人）の2015年12月時点での定着状況と退職理由を公表している。募集時期を確認すると、研修開始から2年10カ月〜3年9カ月後の状況になる。表4-1-6によれば、研修先への在籍率が43.3％、退職後に農業に従事が17.2％、離農が11.3％、進路が未定等（確認できない場合を含む）が28.2％である。会計検査院「検査報告[4]」は2008〜2013年度に助成を受けた研修生3870名の2015年3月時点での調査であり、対象者が重なっているが、農林水産省のほうは事業開始当初（雇用対策期）の対象者を含んでおらず[3]、研修開始から調査時点までの期間は少し短い。そのため、在籍率が43.3％と、会計検査院調査39.9％よりもやや高くなっている。

事業を中止する場合には、できるかぎり研修生に確認して、事業中止の理由、退職理由を報告することになっている。今回の公表資料では、退職理由別の人数をどのように把握したのかが明記されていないが、研修中の場合は報告された事業中止理由、研修後の場合は、別途経営体に調査をしたと思われる。

離農および進路が未定等の者の退職理由は、割合が高い順に、自己都合60.4％、家庭の事情16.4％、病気・けが14.8％、経営体の就業環境4.1％、職場の人間関係2.7％、その他1.6％となっている。自己都合が、その他の理由を引き離して最も多い。退職の理由は様々な要因が重なることも多いと思われる。給与や待遇などでより良い仕事を見つけた場合や、もともと就きたかった他の業種での就職が決まった場合などもあるだろうし、

表4-1-6 研修生（2012年度新規採択者）の定着状況と離農者の退職理由

（単位：人、％）

●**定着状況**（2015年12月時点）

研修先に在籍	1,516	43.3
退職後農業に従事	603	17.2
離農	396	11.3
進路が未定等	986	28.2
合計	3,501	100

●**退職理由**（離農および進路が未定等の者）

自己都合	835	60.4
家庭の事情	227	16.4
病気・けが	205	14.8
経営体の就業環境	56	4.1
職場の人間関係	37	2.7
その他	22	1.6
合計	1,382	100

資料：農林水産省[3]より作成。
注：「退職後農業に従事」は、当該農業法人等を退職して独立就農した者のほか、農業法人等への転職等によって農業関係に従事している者。

単に職場に来たくなくなったことなどもあろう。おそらく、これらの理由だと、自己都合に含まれると思われる。病気・けがや、家庭の事情であれば、ある程度は明確ではあるが、もともと転職したいと思っていた場合に、このような理由が重なることもあろう。離職要因のより詳細な分析が求められる。

(6) 人材の定着に向けて

　これまで見てきたとおり、農の雇用事業は研修生の定着に向けて、事業内容や要件を変更し、運営されてきた。定着率の向上は経営体が求めていることであり、公金を注いでいることからも事業運営上、望ましいといえる。ただし、「問題である」といえるほど低いのかどうかは、判断が難しいところだ。厚生労働省の調査によれば、就職後3年以内の離職率は、大卒では3割強で推移している。この数値と比較すると、確かに農の雇用事業の研修生は低い[5]。しかし、この数値は大企業も含めており、多くが都市部に立地していると考えられる。企業の規模、立地など、農業分野の基本的な特徴を勘案しても他産業より低いかどうかは判断しがたい。ただ、農の雇用事業研修生の定着率が低い理由として、独立就農が出されることがあるが、独立就農を含めても農業界への定着率は高くない。また、松久が指摘するように、同じ業界内での転職が少ないこと[6]も農業界の特徴である。農業界への定着を考えるのであれば、ある経営体を離職後に、それまでの経験を活かす形で他の農業経営体へ就業できることが望ましい。現状では、そのような農業分野での転職市場は充実しているとは言いがたい。

　定着率向上に向けて、また、新規雇用就業者の安定的な雇用が、本人の生活の安定だけでなく、雇用者の能力向上を通じて経営を発展させるためには何をなすべきか。研究蓄積は、それほど多くはない[7]。退職をせず、定着するためには、賃金を上げた方が効果的か、社会保険等の整備が大切か、キャリアパスを示すことが有効か。どれも有効であろうが、どの要素がどの程度影響するかはほとんど検証されていない。そのような試みの一つとして、著者らの研究がある[7]。そこでは、退職理由のテキストマイニングも行ない、作目や性別、年齢別の退職理由の要因を考察している[8]。また今後は、人事考査と待遇改善による人材育成への取組みがより重要になると考えられる。この点については、本章2

および 3 で紹介、考察を行なっている。

注

1 農業雇用とその政策的な位置づけの変遷については、松久 [8] に詳しい。また、2000 年以降の農業雇用の増加要因は松久 [6] が検討している。
2 事業開始当初は 1 種類のみであった。以後、被災農業者向け、次世代経営者育成タイプ、新法人支援タイプが創設され、事業当初からある標準的な者を雇用就農者育成タイプと言っている。本稿では、事業開始からある雇用就農者育成タイプのみ扱い、これを農の雇用事業と呼ぶ。
3 筆者は、2007～2012 年度まで事業実施主体である全国農業会議所に勤務した。2007 年度は先進経営体実践研修を直接担当し、農の雇用事業については 2008、2009 年度に補佐的な立場で担当した。
4 青柳・秋山編 [9] は、農業経営における雇用の課題について、作目別など、様々な面から論じているが、定着条件についての分析は見られない。事例分析については、藤井ほか [10] などいくつか行なわれている。一般的な傾向を検証するための統計分析には、澤田 [11]、木南ほか [12]、金岡 [13] がある。澤田 [11] は農業法人へのアンケート調査により、農業法人と農業法人就職者の特徴と継続の関係を判別分析により明らかにしている。木南ほか [12] は、定期昇給や就業規則の整備といった雇用条件の改善が、雇用就農者の定着に影響を与えることを明らかにしている。しかし、これらの研究に用いられているのは、一時点の横断面データであるため、個別観測主体の異質性が除去されておらず、偏りのない結果を得るための方法論とデータ利用において改善の余地が残されている。また、退職に大きな影響を与えると考えられる給与水準がコントロールされていない。
5 全国農業会議所・全国新規就農相談センター [7] は、筆者および高山太輔（明海大学）が分析、執筆を行なった。また、中谷朋昭（横浜市立大学）から助言を得た。

引用・参考文献

[1] 農林水産省「農の雇用事業に関するアンケート調査結果概要」2017 年
[2] 農林水産省『新規就農者調査』（各年版）。年度は 4 月～翌 3 月である。
[3] 農林水産省「農業競争力強化プログラム」2017 年
[4] 会計検査院『平成 26 年度決算検査報告』2015 年 11 月
[5] 厚生労働省「新規学卒者の離職状況」厚生労働省ホームページ（閲覧日 2018 年 9 月 30 日）
　中小企業庁委託『中小企業・小規模事業者の人材確保と育成に関する調査』2014 年 12 月、㈱野村総合研究所
[6] 松久勉「農業における雇用の動向と今後」『日本労働研究雑誌』58 巻 10 号、2016 年

［7］全国農業会議所・全国新規就農相談センター『雇用就農者の就業環境等による定着要因に関する研究』2015 年
［8］松久勉「農業雇用労働力問題の政策課題化―農業労働力の文脈に即して」（政策研究大学院大学博士論文）、2013 年
［9］青柳斉・秋山邦裕編『雇用と農業経営』『日本農業経営年報』2008 年
［10］藤井吉隆ほか「農業法人における雇用人材の離職に関する考察」『農林業問題研究』2016 年
［11］澤田守「農業法人就職者の特徴と課題」『2003 年度日本農業経済学会論文集』2003 年
［12］木南章・木南莉莉・古澤慎一「農業法人における人的資源管理の課題：従業員離職率に関する分析」『農業経営研究』第 49 巻第 1 号、2011 年
［13］金岡正樹「農業法人従業員に対する職務満足分析の適用」『農林業問題研究』第 46 巻第 1 号、2010 年

2 若年層女性従業員を対象とした雇用就農者の特徴と課題

（1）はじめに(1)

　昨今の農業就業者の減少と高齢化に伴い、青年層の新規就農者の確保や定着が喫緊の課題となっている。農林水産省の新規就農者調査をみると、2015 年以降、新規就農者数はやや停滞しており、2015 年の 6 万 5000 人をピークとして 2017 年には 5 万 6000 人にまで減少している。その一方で雇用就農者の割合が増加しており、新規就農者数全体に占める雇用就農の割合は、2014 年の 13％から 2017 年には 19％にまで拡大し、とくに 44 歳以下の若い就農者においては 40％を占める。この雇用就農者の増加の背景には、農業法人の増加、規模拡大に伴う雇用労働力に対する需要の拡大、家族労働力の減少、さらに「農の雇用事業」等の政策的な支援がある。とくに、男女別で見てみると、44 歳以下の女性においては雇用就農の割合が高く、2017 年には新規就農者のうち 51％を占めている。
　本節では雇用就農のなかでも、特に正職員として就職した女性従業員の特徴、および法人側の人材育成の課題を考える。農業において女性は農業就業人

口の約半数を占めており、農業の担い手として重要な役割を果たしている。さらに、近年は、消費者の食の安全・安心への意識の高まりやマーケットイン型の農業展開等により、農業における女性への注目は非常に高まっている。

女性が就農に至る経路としては、これまで配偶者として結婚を契機とする就農が多くを占めていた。だが、今日においては、農業後継者として就農するケース、さらに、新規就農者として独立就農するケース、農業法人等への雇用就農という4つのパターンが出てきている。とくに非農家出身者が就農する場合は、新規参入として独立就農するケースがあるが、独立就農は、土地、労働力、資金の確保において高いハードルを有する。若年の未婚女性の場合は特にその傾向が強く、そのため未婚女性が農業に携わりたいと考えた場合、農業法人への就職（法人就農）が現実的な方法となる。この点からも、若年女性にとって農業法人への就職が、就農するための主要な選択肢となっている。

(2) 農業法人における人的資源管理の研究

農業法人の人的資源管理に関する先行研究には、迫田[1]、迫田[2]、金岡[3]等がある。迫田[1]は、自社の事業システムの中に募集や採用、育成などの独自の人的資源管理が必要となることを指摘し、今後の研究課題として内発的動機づけを踏まえた人材育成手法の提案などをあげている。また、迫田[2]は、人材育成の基本的な方策として効果的な経験学習、周囲が働きかける環境づくり、キャリアパスや権限移譲の仕組みなどをいかに自社に組み込むかが課題になると指摘した。金岡[3]は、ハーズバーグの動機づけ・衛生要因の理論を援用して、農業法人従業員の職務満足度調査を実施し、従業員の承認欲求を満たすことや、権限移譲を通じて当事者意識を高めることが必要であることなどを指摘した。

とくに、従業員の人材育成に関しては、佐藤[4]が指摘するように、「組織による人材開発の視点」と、従業員の「個人の成長・発達の視点」を取り入れる必要があり、組織からの視点と従業員側からの双方の視点をもって分析する必要がある。そのためには人材育成方策に関しても、経営者側がどのような方策を実施しているかだけではなく、受け手側である従業員側の評価視点が必要になる。しかし、農業における人的資源管理に関する先行研究では、経営者側からの調査が多く、従業員側の意識や評価等、従業員の調査にまで踏み込んだ研究

はほとんどみられない。

(3) 農業法人における従業員の育成方策の類型化

農業法人における女性従業員を含めた従業員の人材育成については、雇用を導入する目的と経営規模によって、大きく4つの類型が分類することができる（図4-2-1）。第一の軸は、雇用導入の部門による違いである。これは大きく2つに分類でき、一つは、主部門の規模拡大に合わせて人材を外部調達する類型である。この類型の場合、主部門への導入であるため、具体的な作業ノウハウなどは法人内に蓄積されており、従業員に対してOJTや作業指示が行ないやすいといった特徴がみられる。第二に、新規作目の導入や加工など、経営の多角化に合わせて、新規部門に従業員を雇用する場合である。この類型では、雇用目的として、自社内での人材調達が困難なために、外部から労働力を調達しようとするものである。この場合は新規部門への雇用導入であるため、主部門の場合に比べて、指導者不足に陥りやすい面がある。

また、もう一つの軸は経営規模である。農業法人においては、家族労働力を主体とする1戸1法人が多いが、一部には雇用労働力主体の企業経営も増加している。企業経営（ここでは売上10億円以上を想定）においては複数の部門があり、多数の従業員を抱えている。そのため、企業経営では、ジョブローテーションなどが図りやすいのに対して、家族労働を主体とする農業法人では人材育成施策も一定の対策に限定されやすい面がある。

本節の分析対象は、生産に従事する若年層女性正社員を雇用している売上1億円以上の農業法人である。本節では、雇用型農業法人における若年層女性従業員の人材育成について、経営者側が実施している人材育成施策のなかでも、特に動機づけ方策の実態把握と、従業員側から

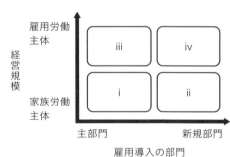

図4-2-1　雇用型農業法人における人材育成の類型化

資料：筆者作成。

見たそれらの取組みに対する評価と課題を把握する。この経営者と従業員の双方からの調査分析をもとに、若年層女性従業員の人材育成の特徴と課題について考察する。なお、これらのデータは、2016年に実施したヒアリング調査で収集したものである。

（4）雇用型農業法人における女性従業員への人材育成方策の実態

本節ではまず、分析対象とする雇用型農業法人の経営概況を示し、法人側がどのような動機づけ方策に取り組んでいるのかを示す。そのうえで、各法人で取り組まれている動機づけ方策に対して、女性従業員側の評価を明らかにする。人材育成の類型化についてはA社がⅰ、B社がⅱ、C社がⅲに該当する。3法人の経営概況および動機づけ方策の概略を表4-2-1にまとめた。

1）A社
①経営概況

A社は、東北地方にある施設野菜（トマト）の生産や加工を中心とした農業法人である。1998年に有限会社を設立し、2007年に株式会社に組織変更している。事業内容は、トマトの生産、加工、消費者への直売、トマトを利用したカフェなどで、売上は約1億4000万円である（2015年）。トマトの生産施設は3カ所に点在しており、2カ所の農場で女性社員が農場長や主任を務めている。

A社の従事者数は27名で、うち正社員は8名である。正社員の年齢構成の特徴は20代が多く、正社員8名のうち6名を女性が占める。A社で生産するトマトは直接販売が多く、加工などにも積極的に取り組んでいることから、とくに加工・直売等の部門は女性従業員が中心となっている。加工品などの商品開発に関しては、女性従業員の意見を積極的に取り入れており、また、カフェのメニューにも女性従業員の意見を積極的に採用し、女性層が多い顧客から好評を得ている。

②A社における採用方法と人材育成

A社の採用方法についてみると、以前はハローワークを中心に利用してい

表 4-2-1 農業法人の経営概況と動機づけ方策

法人名	法人 A	法人 B	法人 C
企業形態 法人設立年	有限会社→株式会社 1998年→2007年	有限会社 1994年	株式会社 1992年
主な作目	施設野菜（トマト）／農場3カ所、カフェ、直売所	経営面積104ha、うち水稲約70％、その他に露地野菜、施設野菜、果樹、花き、直売・加工	養豚（母豚2,100頭、畑8ha）
売上高 (2015年度)	1.4億円	1億円	20億円
役員・従業員	役員3人、正社員8人、パート19人	役員と正社員で14人、パート3人	78名（正社員・パート含む）
女性従業員向けの環境改善	・トイレの設置、シャワー室・更衣室の整備 ・作業台の改善	・女性が中心となる部門を拡充 ・シャワー室や男女別のトイレの設置	・女性の研修枠の設置 ・休憩室、シャワー室、トイレの設置
動機づけ方策 / 他産業と類似のもの	・将来の幹部候補として正社員登用 ・同年代の従業員の雇用	・血縁以外の従業員を役員に登用し、キャリアパスを提示	・昇進・降職等の基準の明確化 ・人事評価基準の設定・見直し ・キャリアパスの提示
動機づけ方策 / 農業特有のもの	・高品質でブランド化されているトマトの生産 ・直売所やカフェで消費者の反応を見せる	・本人の希望に応じた作目の担当 ・直売所で消費者の反応を見せる ・野菜ソムリエの資格取得支援	・アニマルウェルフェアを通じて、豚にも人にも環境にも優しい農業の実践
動機づけ方策 / 若年層女性を対象としたもの	・同年代の女性を雇用 ・女性だけの企画会議の設置	・休憩時間は男女別 ・本人の希望に応じた作目の担当	・ワークライフバランス制度の導入 ・女子会の開催 ・同年代の女性の雇用

資料：ヒアリング調査結果より作成。

たが、現在は農業関係に特化した求人サイトを主体とし、ハローワークは補助的に利用している。経営者は地元採用を重視したいと考えていたが、ハローワークでは経営側が希望する人材が集まらないため、農業関係に特化した求人サイトを利用している。A社では、加工部門を強化するうえでも生産部門の充実が必要な点や、今後の経営継承に向けて生産部門から幹部候補を育成したいという意向があるため、農業関係の求人サイトを利用している。後述するD

氏も幹部候補として採用され、このほかに3名の男性が農場長などの中間管理職候補あるいは経営幹部候補として採用されている。

　A社の場合、採用後は共に作業を行なうことを通じて、各作業の意味や理由、作物への影響を教えながら、作業の理由を理解させるようなOJTの体制をとっている。経営者は、単純作業は1年程度で習得できるが、1年を通じて収量を安定的に収穫できるようになるには10年程度の経験が必要と考えている。

　A社における従業員に対する動機づけ方策としては、同年代の従業員の雇用や将来の幹部候補として正社員の登用を行なっていることがあげられる。また、農業特有の動機づけ方策としては、高品質なトマト生産・販売、トマトを利用した様々なメニューをカフェで提供することを通じて、消費者の反応を身近に見させることがあげられる。A社では直売所やカフェへの経営の多角化によって、消費者でもある女性の感性を活かしていくことが経営として重要と考えるようになり、従業員の意見を商品開発などに反映させることで従業員のやりがいを高めるようにしている。

　③動機づけ方策に対する従業員の評価

　ここではA社で勤務するD氏とE氏の入社から現在の状況を概観し、動機づけ方策への評価をみる。D氏は採用時に将来の管理職候補として位置づけられ農場長となっており、E氏は入社後、経験を積み農場の実質的な責任者となっている。

　D氏は、県外出身の30代の既婚女性である。D氏は非農業系の短期大学を卒業後、JAに勤務し、営農指導の経験を積んだ。その後、夫の転勤に伴い転居し、転居後、農業経験を積みたいと考えたことから、自宅から通勤可能なA社に就職した。将来の管理職候補としての募集に応募しており、採用時から管理職候補として位置づけられている。D氏がA社を選択した理由としては、仕事としての魅力だけではなく、会社として社会保険が完備されていたことをあげている。D氏は入社3年目で、X農場の農場長を務めている。主な作業内容はトマトの肥培管理を中心に、栽培管理全般、パート従業員への作業指示等、多岐にわたる。

　D氏の動機づけ方策に対する評価をみる。まず、他産業に類似した部分では、社会保険が完備していることや農場長という役職によるやりがいがあげら

れる。その一方で、A社での経験年数が少ないことから、水管理等の重要な作業はまだ任せてもらえないなど、役職と実際の作業にギャップを感じている。農業特有の部分では、A社のトマトはブランド化されており、消費者から美味しいという評価を直売等の経験から直接得ることができ、それに喜びを感じており、モチベーションになっている。

E氏は、県内出身で20代の独身女性である。E氏の実家は農家で、県内の農業大学校を卒業後、別の農業法人で勤務したが、トマト栽培に対する強い興味・関心があり、A社に転職した。E氏は入社5年目で、Y農場の主任（Y農場の実質的な責任者）を務めている。主な作業内容は、トマトの水管理やパート従業員への作業指示等である。

E氏の動機づけ方策に関する評価をみると、A社ブランドの維持がやりがいとなっている。E氏は個人的にかかわっているボランティア活動で、A社のトマトを利用した料理を振舞うことがあるが、その際にA社のトマトを知っているといわれると誇らしく、A社のトマトブランドを守らなければと感じている。この他にも直売所などでの消費者からの評価を通じて、よりよい商品をつくろうという仕事への意欲が高まっている。また、E氏は以前からトマト栽培に携わりたいと考えており、その夢が実現したことで、強いやりがいや喜びを感じている。給与面については十分満足しているわけではないが、夢が実現したことによる喜びが上回るため、E氏自身は問題視していない。A社では若年層女性従業員向けの動機づけ方策として、同年代女性の雇用を行なっているが、E氏の場合にも同年代の女性が多く勤務しているため、まわりに相談しやすく、精神的にも非常によいという。ただし、機械作業に関しては未だ担当させてもらえず、その点については不満をもっている。機械作業について経営者は、作業強度、安全性などを理由に、女性より男性のほうが作業に適していると判断しており、女性が農場長や農場の責任者であっても男性が作業を実施している。

④小括

A社では、経営方針として高品質でブランド力のあるトマト生産を行なっている。D氏、E氏ともに、その経営方針を理解しており、経営方針に対する貢献意欲がある。また、E氏が評価しているように、希望していた作物生産に取り組めることで非常に強いやりがいを感じていることなどが明らかとなっ

た。キャリアの点で見てみると、A社では女性が管理職についており、性別を問わずに長期的なキャリアを見通すことが可能である。また、同世代の女性が複数いることから、メンターのような役割を果たしており、相談しやすい雰囲気を醸成しているといえる。

2）B社
①経営概況

B社は、関西地方にある稲作中心の農業法人である。1994年に有限会社として設立された。経営面積は104haで稲作生産、作業受託が中心であり、消費者への直接販売、加工なども行なっている。稲作以外には野菜や果樹など園芸作にも取り組んでおり、これらの園芸作に関しては少量多品目で、自社の直売所で販売している。売上は約1億円（2015年度）に達しており、農家レストランの経営も行なう予定である。

B社の従事者数は役員と正社員を合わせて14名、パート3名である（2015年度）。B社の代表は男性であるが、女性従業員を雇用することによる経営面への効果を感じており、従業員17名のうち女性は7名を占める。

B社の年齢構成をみると、役員は40代、正社員は20代が中心である。近年、20代の社員が増えており、今後の規模拡大や多角化に向けて20代の正社員の人材育成がB社の課題となっている。長期的にはB社の現経営者からその子息への経営継承に向けた体制づくりも現経営者は念頭においている。従業員の配置については、本人の関心と適性を見ながら配置しているが、機械作業が多い稲作は男性中心で、手作業が多い野菜や果樹、花きは女性が中心となっている。

②B社における採用方法と動機づけ方策

採用に関してB社では、以前は県外出身者を雇用していたが、3年程度経って技術が身についたころに離職し、独立就農するパターンが多かったこと、さらに幹部候補を着実に育てたいという意向もあったことから地元採用に切り替えた。B社では、自らは求人を出しておらず、県や関係機関からの紹介などを通じて採用活動を行なっている。B社では、稲作中心の経営から、直売所の開設や野菜・果樹の生産拡大により事業を多角化している。その過程で、商品開発や販売などの部分には女性の能力を活かしたほうがよいと考え、女性の正社

員やパート従業員を採用するようになっている。

　B社の従業員に対する動機づけ方策としては、他産業並みの給与や休日の取得などの労働条件の改善があげられる。さらに、労働条件だけではなく、親族以外の従業員を役員として登用し、役員層に至るまでのキャリアパスを提示することにより、若年層のモチベーションを向上させることなどを意識している。B社による農業特有の動機づけ方策としては、自社の直売所での消費者の反応を見させることや野菜ソムリエの資格取得の支援があげられる。また、女性従業員へのサポートとしては、男性が力作業を補助したり、昼食時間は男女別に設けて女性同士で話せる時間をつくるようにしている。

③動機づけ方策に対する従業員の評価

　ここでは、B社に勤務するF氏の入社から現在までの状況を概観し、動機づけ方策への評価をみる。

　F氏は、B社と同じ市内出身の20代独身女性である。県内の農業大学校卒業後、イチゴ農家での研修や、農業大学校の実習指導員の経験を有している。F氏は、農業生産に対する強い意欲をもっており、イチゴでの独立就農を検討していたが、ノウハウや資金面で問題があり、雇用就農を考えるようになった。そこで関係者からB社への就農を勧められ、B社の経営者もF氏が希望していたイチゴを新規に導入することとし、イチゴの担当を任せている。B社では、自社の米を利用してイチゴ大福を加工販売していたが、イチゴは地元から購入していたため、それを自社生産に切り替えた形である。品種もイチゴ大福との相性を考え、甘みと酸味のバランスがよい「紅ほっぺ」を選択している。

　F氏は入社2年目となり、イチゴのみならず、トマトやきゅうりなど施設野菜の栽培全般を担当している。B社の経営者も、イチゴ部門の収益が向上していることからF氏の能力を高く評価し、給与に反映している。

　F氏の動機づけ方策に対する評価をみると、他産業と類似した点としては、独立就農と比較して休暇が取得しやすいことをあげている。農業特有の点では、灌水パイプを繋ぐ作業は1人では難しいため、その作業を男性に頼めるなど、独立就農と比較して周囲に頼みやすい点に雇用就農のメリットを感じている。ただし、B社内では、イチゴを新規に導入したため、イチゴや施設野菜に関して農業技術を質問・相談できる相手が社内にいない。そのためF氏が独

自に農業技術の情報などを収集している状況にあり、日常的な相談相手がいないことを問題として捉えている。F氏の場合、自身が就農前に希望していたイチゴ栽培ができることになったため、責任は大きいもののイチゴの担当としてのやりがいや喜びを感じている。また、経営者が性別を問わず、イチゴの担当としてF氏に仕事を任せており、そのことにもやりがいを感じている。

　④小括

　B社では、稲作中心の経営から品目を増やし、直売などにより経営の多角化を試みている。その多角化部門の一つを担う人材として、イチゴ栽培を希望していたF氏を採用し、イチゴを始めとした施設野菜の生産を充実させている。B社の場合は、施設野菜の多くの部分をF氏が担っている状態であり、責任とやりがいを感じながら農業に従事している状況にある。

3) C社
①経営概況

　C社は、九州地方にある養豚経営の農業法人である。1972年に創業し、1992年に株式会社として設立された。事業内容は、養豚（母豚2100頭）と野菜の生産である。役員を含めた従事者数は78名で、そのうち11名が女性である。法人の経営者は女性であり、近年、急速に経営規模を拡大している。売上は、2007年に1億円であったが、2015年度には約20億円に達している。

　C社では2013年にその当時いた19名の女性従業員のうち、幹部候補として育ててきた者も含めて6名が1年間のうちに退職した。そのことを契機として、C社の経営者は、自身が女性であるにもかかわらず、女性社員の立場にたって考えていなかったことを反省し、従業員の能力を重視した成果主義の経営からワークライフバランスを考える経営へとシフトし、人材育成に注力するようになった。

　C社の人材育成については、後述するように昇進・降職の基準の明確化など、独自の人事評価基準の策定を行なっている。また、従業員に対する具体的なキャリアパスの提示も行なわれており、社内で長期的に勤務した場合の将来像が描けるようになっている。

　現在は、女性従業員のワークライフバランスを意識した働き方を提示し、その制度を2名が利用している。また、2016年度からは試験的に待機児童となっ

た子どもの同伴出勤を許可したり、不妊治療を行なう職員に特別休暇を与えたりしている。C社の経営者は、これまで提示していたキャリアパスは男性正社員向けであったと考えており、女性の場合は、結婚・妊娠・出産などのライフイベントがその後のキャリア形成に影響を及ぼすため、男性と同様のキャリアを描くことが難しく、女性専用のキャリアプランの提示を検討している状況にある。

②C社における採用方法と動機づけ方策

C社での採用方法は、新卒の場合はリクナビなどの就職活動サイトを利用している。C社の経営者は、母豚の分娩や子豚の管理などは、女性の感性が活かせる部分であり、女性によるきめ細かな飼育管理によって生産成績が安定していると評価している。

C社で取り組まれている従業員の動機づけ方策としては、昇進・降職の基準の明確化、評価基準の見直し、スタッフ→班長→主任→副農場長→農場長へというキャリアパスの提示、ジョブローテーションなど、他産業と同等の人材育成方策がとられている。例えば、C社の場合、昇進するためには、外部研修の受講や様々な部門の経験が求められ、昇進を希望する場合はジョブローテーションが必須となっている。また、これらの人事評価基準は適宜見直しが行なわれている。農業特有の動機づけ方策としては、アニマルウェルフェアを通じて、豚にも人にも環境にもやさしい農業の実践を行なっている。

③動機づけ方策に対する従業員の評価

C社に勤務するG氏とH氏の入社からこれまでの状況を概観し、動機づけ方策に対する評価をみてみる。

G氏は、県外出身の20代独身女性である。非農家出身ではあるが、大学では農業関係を専攻しており、大学在学中から卒業後は農業法人への就職を希望していた。就職説明会に参加し、C社での現地研修時に豚に興味・関心をもったことと、先輩社員の雰囲気が良かったため、C社への就職を希望し、新卒で入社している。現在、入社4年目で、分娩を担当し、班長を務めている。

G氏の入社以降について整理すると、入社当時は仕事を覚えるのが楽しい時期、2～3年目は基礎固めの時期でもあり、後輩の女性とともに勉強した時期、4年目に入って構成員4名の分娩担当の班長となり、作業指示だけではなく、班員全員が気分よく働けるように調整する役割を担うようになったという。特

に入社2年目までは当時の班長の指示に従って作業をしていた状況であったが、3年目に作業の半分程度を任されるようになり、自分で判断しながら作業したことで、作業内容の改善を試みるようになった。また、今後は昇格のために、別部署への異動も希望しており、社内でメンターのような存在になりたいと考えている。

ただし、農作業に関しては、豚を相手にすることから、力仕事は大変だと感じている。G氏は、就職2年目に母豚を扱った際に無理な作業をしてヘルニアを患い、それからは男性にサポートしてもらいながら業務にあたっている。また、G氏は、女性向けの動機づけ方策に関して、同年代の女性の雇用が精神的な支えとなっていることを高く評価している。C社では、女子会なども開催されており、従業員同士の交流も活発である。法人経営者とも食事会などでコミュニケーションをとるようにしている。

一方、H氏は県外出身の30代既婚の女性である。夫も同じくC社で勤務している。入社9年目で、現在は交配を担当している。時短勤務制度を利用しており、役職には現在ついていないが、これまでに部署異動や班長等の役職経験を有している。

H氏は非農家出身で、大学では畜産関係を専攻した。動物が好きで、大学在学中から卒業後は動物にかかわる仕事につきたいと考えていた。豚は臭いがきついイメージがあったが、C社は他の養豚場に比べて臭いが少ない点が気に入って入社を希望した。結婚するまでは、リーダーなどの役職に早く昇進したいと考えていたという。

しかし、H氏自身、独身の頃は仕事を中心にした生活でも良かったが、結婚・出産を経て、家族のために仕事をするような意識に変わっていった。子どもが幼いため、正社員と同等に働くことは難しく、正社員と同等の責任を負うことができないと感じており、交配部門でサポート役を担っている。

C社がワークライフバランス制度を導入していることについて、H氏は仕事が好きで、出産や育児によって退職したくなかったため、時短勤務などの対応が可能になり高く評価している。また、社内において男女関係なく、役職を得られることについても評価している。H氏のように、ワークライフバランス制度を利用しながら、離職せずに正社員として勤務を継続できていることは、農業法人で勤務する女性のロールモデルとしての機能を果たしていると考えられ

④小括

C社では、人事評価を明確にすることなどにより、従業員の人材育成をはかっており、他産業の中小企業と同等の取組みを実施している。特に、長期的なキャリアパスを提示し、職場で定めている人事評価の基準をクリアすれば、性別を問わずに昇進することが可能となっており、その点は女性の働きやすさにもつながると考えられる。また、ワークライフバランス制度の導入により、女性の場合に問題が生じやすいライフイベントによる影響を軽減することができ、女性においても長期的に勤務することが可能となっている。

（5）雇用型農業法人における若年層女性従業員の特徴と人材育成施策

以上の事例分析をふまえて、雇用型農業法人における若年層女性従業員の就農の特徴を考察する。

農業法人に就職する若年層の女性従業員の特徴をみると、第一に、就農ルートの一つとして農業法人の就職を選択している点があげられる。その背景には、若年女性においては独立就農が困難である面が大きく、現実的な選択肢として、法人就職が選ばれている面がある。

そのため第二の特徴が、生産に対して強い意欲を持っており、生産に携われること自体が、仕事のモチベーションにつながっている点である。また、印象の域をでないが、とくに独身の若年女性においては、給与面、休日などの労働条件よりも、希望する農作物の生産がその法人内で実現できるかどうかに強い関心をもつ傾向にある。そのため、女性従業員の動機づけ方策として、A社やB社で実施している消費者の反応を見させるという方法は効果があると思われる。つまり、消費者からの生産物に対する高評価は、仕事に対するモチベーションの維持・向上につながっていると考えられる。第三の特徴は、農業に従事するうえでの労働条件、労働環境を重視している点である。とくに女性にとって働きやすい職場になっているかどうかは非常に重視しており、複数の女性従業員が勤務しており、上司、同僚に相談しやすい環境にあることが、仕事を進めるうえでの不安感の払拭につながっている。また、労働条件に関して

も、社会保険など他産業と同等の水準に整備することも必要になっている。第四に、農業技術を高めたい欲求が強い点である。女性従業員において、長期雇用を希望するかどうかは各従業員によって異なる。ただ共通しているのは、将来にわたり農業にかかわっていきたいという意向をもっている点である。他産業への転職意向をもつ者はほとんどおらず、農業を生涯携わる仕事として考えており、農業技術の習得、向上に対する意欲は強い。

そのため課題としては、農業技術の習得、向上意欲はある一方で、法人内での学習、知識習得については社内教育に限定され、女性従業員が抱える希望とのギャップがある場合が多い点である。とくに、農業の場合は、機械作業、力作業などが多いことから、どうしても性別役割分業の視点が入り、能力を向上させる機会をつくっていないケースが多い。農業においても、男女を問わず、能力向上に向けた機会をつくり、女性であってもできるだけ作業ができるように作業の内容を見直していくことが求められる。(2)

また、前述した人材育成の類型に即して課題をみると、以下の点をあげることができる。類型 i のように、同部門で雇用する場合には、OJT などの指導がしやすい特徴がある一方で、権限を移譲する部門分担はより慎重に行なわれる傾向にある。能力に応じて段階的な権限移譲が行なわれているともいえるが、権限をいつまでも移譲させない場合、従業員の不満につながる恐れもある。客観的な評価基準をどのように設定し、責任、権限を移譲していくかが今後の課題になろう。

類型 ii のように新規部門への雇用の場合は、従業員が比較的自由に作目に取り組める反面、自己裁量権が大きく、プレッシャーにもつながる可能性を有する。とくにこの類型では法人内にアドバイスできる指導者がいないことが多く、作業を遂行するうえでのメンターの役割を有する人材が必要となる。また、類型 iii の農業法人の場合は、様々な取組みを行ない、人材育成施策も充実している。しかし、従業員が多いために管理職を選抜し、どのように育成するか、さらに多様な従業員のモチベーションを長期的にどのように維持・向上させるかといった課題は残る。

最後に、女性を雇用するうえでの課題としては、女性に対してワークライフバランスを含めた多様なキャリアパスを提示する必要があることがあげられる。具体的には、女性の場合、妊娠、出産、育児、介護によるキャリアの中断

や昇進を望まないキャリアなど、様々なキャリアパスを描く必要があり、多様なキャリアパスを示すことで、女性側も安心感を持って勤務することが可能になると考えられる。とくに農業の場合は、多様な仕事があり、従業員の生活状況に応じた仕事へのかかわり方が提示できる可能性を有している。農業法人に就職希望をもつ若年女性は多いことから、女性従業員のキャリアパスと職務満足の関係性についてさらに分析を深め、女性従業員にとってより能力が発揮しやすい環境の整備・構築につなげていくことが求められる。

注

1　本章に関しては、澤野・澤田 [5] をもとに改編したものである。
2　北陸地方のある稲作法人では、若年の女性従業員が機械のオペレーターとして従事し、女性でも作業がよりしやすいように、肥料袋の軽量化など様々な取組みをしている。

[付記]
　本稿は、科研費 15K18754 および 16H02572、16K07930、18K05874 の研究成果の一部である。

引用文献

[1] 迫田登稔「農業における『企業経営』の経営展開と人的資源管理の特質―水田作経営を対象にして」『農業経営研究』第48巻4号、2011年、pp.25-35
[2] 迫田登稔「大規模水田作法人の継承プロセスと人材育成の取り組み」『農業と経済』2016年4月臨時増刊号、pp.53-61
[3] 金岡正樹「職務満足度から見た人事管理・人材育成の現状と課題」南石晃明・飯國芳明・土田志郎編著『農業革新と人材育成システム―国際比較と次世代日本農業への含意』2014年、農林統計出版、pp.203-224
[4] 佐藤厚『組織のなかで人を育てる―企業内人材育成とキャリア形成の方法』2016年、有斐閣
[5] 澤野久美・澤田守「農業法人における従業員の動機付け方策の特徴と課題―若年層女性従業員への取り組みに着目して」『農村生活研究』第61巻1号、2018年、pp.2-11

3 先進農業法人にみる雇用定着への工夫

本節では、先進的な農業法人における雇用定着への様々な取組みについて紹介したい。なお、ここで紹介する内容は複数の先進農業法人の経営者とその法人の従業員へのヒアリング調査をもとに整理したものである。

（1）経営理念の共有

まず、雇用就農希望者はなぜその農業法人を選択したか、その理由を伺うと、経営者である社長の経営理念への共感が入社を決意させた大きな要因である場合が少なくない。一方、経営者の側も経営理念に共感できる人か否かを採用する際の重要な基準と考えている。長野県の株式会社ベジアーツの山本裕之社長は「何を作るかも大事だが、最も大切にしたいことは"どんな思いで作っているか"であり、いっしょに働く仲間と理念を共有しないと農業の厳しい仕事は続けられない」と語っている。

経営者と雇用就農希望者それぞれの志が同じ方向を向いているかどうかは、雇用定着の問題を考察するにあたり、まず押さえておくべき基本的な要点であるといえる。

（2）やりがい・達成感のある仕事

仕事を任せる

次に、農業法人の日々の現場に目を転じると、多くの経営者はどうすれば従業員がやりがいを感じながら働くことができるかということに腐心している。その点、面談した先進農業法人の経営者たちは異口同音に仕事を任せることが重要であると語る。仕事を任せるためには、その前提として、権限と責任が明確でなければならない。そのためには、仕事（作業体系）と役割分担が明示化される必要がある。鹿児島県の株式会社さかうえの坂上隆社長は「主体的に働ける環境を作れば、従業員は自ら学び、考え、成長していく。そういう組織風土を作ることが肝要だ」と語っている。

達成感を味わえる仕事のやり方

　ところで、さかうえで農場長を務める世良田圭祐氏によれば、「経営が大規模になればなるほど作業が分業化・単純化される傾向がある。一方、作物は植えてから収穫するまでに一連の管理作業があり、流れがある。その一連の管理作業を横に切って分業化する形で効率化を進めると、重要な問題に気が付かないという事態が起こりうる」という。むしろ、「作業全体の流れを経験することで栽培の要諦を理解するとともに達成感を味わうこともでき、それは人材育成の面でも有効である」と言う。

　石川県の株式会社六星[2]でマネージャーを務める西濱誠氏も自らの経験を振り返り、「就農1年目に稲作を担当したが、9月に餅加工の仕事に割り振られ、それまで稲の成長を見守ってきた自分としては最後の稲刈りまでやりたかったという心残りがあった。そこで、2年目には、稲作の仕事を収穫までやりたいと経営者に申し出て、受け入れられた。仕事をする立場からすれば、最後までやり遂げることがやりがいに繋がる」と語っている。

　両者ともに自らの経験から、一仕事を経験することがやりがいと人材育成に繋がると指摘している。

自ら考え判断して仕事を行なう

　農業の仕事で達成感を感じるときはいろいろあると思われるが、その一つは、何か問題が生じたときに、必死に状況を把握し、対策を考えて、その問題を解決できたときであるといえよう。

　三重県の株式会社浅井農園で研究開発リーダーを務める呉婷婷（ウー・ティンティン）さんは、最先端のオランダ式施設トマト栽培を担当しはじめた当初、トマトとのコミュニケーションがうまくとれずに問題が生じたが、そのときに必死に考えた対応策が功を奏してトマトが元気を取り戻したときに大きな達成感を味わったという。とくに浅井農園のような研究開発的な農業に挑戦しているところでは、探求心旺盛なスタッフが集まる傾向があり、一つずつ課題を解決しながらスタッフが自信を深めているように見受けられた。

　経営者が目標とするところも、自分で考えて判断できる人材の育成であるといえる。

　ベジアーツの山本社長は、大事にしていることは"考え方"であるという。

「なぜそういう手間をかけるのか」「なぜこのように作るのか」、作業の背景にある考え方をきちんと伝えることを心がけているという。そして、従業員が天候の変化とか、野菜の作柄の変化に直面したときに自ら考えて臨機応変に対応した時に、従業員の成長を感じるという。

(3) チームワークの重視

チームで仕事を行なう効用

　ところで、農業法人の場合、従業員一人ひとりの能力を高めることも大事であるが、同時に、組織としての結束も重要である。ベジアーツでは、経営規模が拡大し、従業員が増えていくなかで、社長の意向が従業員全員に伝わらなくなり、意思疎通も人間関係もうまくいかない時期があった。そこで、山本社長は対応策としてマネージャー制を取り入れたという。3つの栽培グループ（結球レタス、非結球レタス、育苗・パクチー）に分け、それぞれのグループにマネージャーを配置した。圃場の作付計画、人の割振り、作業の組立てなどは全てマネージャーに任せた。その結果、チームのまとまりも強くなり、問題は解消されたという。

　また、株式会社渋谷農園（京都府）の渋谷昌樹社長は、チーム制は技術の共有・継承という観点からも重要であるという。技術は人に付いているものであり、もし技術を習得した従業員が辞めれば、その技術はすっぽり抜け落ちてしまう。しかし、数人1組のチームで生産すれば、技術は共有され、継承されていく。

　さらに、さかうえの農場長世良田圭祐氏によれば、チームで仕事をするほうが一連の仕事を理解することができるし、チームメンバー同士で知恵を出し合いながら作業するために人材育成の点でも効果があるという。

　浅井農園のマネージャーである馬野幸紀氏は「チームワークを感じながら仕事をすること自体が魅力だ。1人で仕事をするよりも仲間と一緒に何事かを成し遂げる方が楽しい」と語っており、チームワークは仕事のやりがいと密接に関係しているといえよう。

小集団活動の取組み

　小集団活動を取り入れて業務体制の見直しを行なっている農業法人もある[1]。それは六星である。軽部英俊社長は"組織として仕事が回る"仕組みづくりを標榜している。具体的には、予算・計画・目標をきちんと立てること、情報の共有がなされていること、管理体制が整備されていること、PDCAサイクルがきちんと回っていることなどである。

　個人の経験だけに頼りすぎない仕組みづくりの一環として、六星では小集団活動を取り入れた。いわば、個人ではなくチームに責任をもたせるやり方であり、"チーム農業"の構築を目指しているともいえる。とはいえ、個人の担当責任は明確にしており、責任の所在が曖昧になることはないように工夫している。

　小集団活動を採用するきっかけはトヨタの豊作計画の導入であった[2]。農業の各生産工程の見直しを小集団で行ない、改善案を検討したのである。小集団活動を通じてチームとして強くなるとともに、メンバー一人ひとりも成長したという。

(4) 役職が育む責任感

マネージャーとしての責任感と自覚

　ベジアーツでグループリーダーを務める尾花公志氏はグループリーダーを任されたことで仕事に対する責任感と自覚が生まれたという。それまでは与えられた作業をこなすだけであったが、後輩が入り、教える立場になったときに、初めて自分の理解の浅かったことに気付かされるし、会社のためにも後輩をしっかり育てなくてはならないと思うようになったという。

　グループリーダーの仕事の一つは担当作物に関して年間作業計画の原案を作成することであり、契約栽培であるために、収穫時期から逆算して定植時期などを決めるが、安定供給するためには量の確保が必須であり、あらかじめロス分も計算して定植量を少し多めに設定するという。また、チーム内のコミュニケーションにも気をつけており、正社員、季節雇用のスタッフ、パートスタッフそれぞれの話に耳を傾けるように努めている。

　"チーム農業"を標榜している六星でもマネージャーの存在は重要である。

作業の進捗状況は各スタッフから「作業担当」に集約され、マネージャーは作業担当から必ず報告を受けることになっている。そして、天候などの状況変化を考えて臨機応変に指示を出すのがマネージャーであり、現場の要といえる存在である。

イオンアグリ創造の牛久農場長[3]（2016年調査当時）である濱本潤氏も、農場長は農場の作付方針からパートの補充に至るまで大幅な権限を任されており、責任の重さとともに大きなやりがいを感じていると語っている。イオンアグリ創造の福永庸明社長は「農場長には農場の経営について自分で考えて進めてもらいたい。仮にそれで失敗することがあっても責任は社長である私がもつ。そうしないと人材は育たない」と語り、人材育成という視点からも農場長の主体性を大事にするマネジメントを採用しているという。

"小さな経営者"を育てる

人材育成についての体系的な考え方と明確なキャリアアップモデルをもっているのが鹿児島県のさかうえである。すなわち、①入社初年度は現場作業を中心とした作業員として経験を積む。②2年目からは工程担当者として1つの工程を担当し、マネジメントの基礎を学ぶ。③3年目以降は、それまでの実績に応じて、作物担当の機会が与えられる。予算編成から圃場管理、作業員の管理、販売先との交渉まで仕事は多岐にわたる。④作物担当の実績を踏まえて、農場長になる機会が与えられる。農場長は多様な作物全般を見るだけでなく、土地の賃貸借、クレーム処理、関係先との交渉に至るまで農場に関わること全てについて責任をもって対応する。そして、⑤最後のステップとして、経営者となるべきステージに入る。

じつは、坂上社長は「農業価値を創造できる起業家の輩出」をさかうえの使命と位置付けており、経営者の育成を人材育成の最終目標としているのである。そういう意味では、作物担当は、予算の進捗管理を行ない、予算の枠内でどうやって利益を出すかを考えており、いわば"小さな経営者"であるといえる。

ところで、さかうえでは経営理念と方針を従業員全員が共有するために毎年「経営指針書」を策定している。これはさかうえの目指す方向性を明文化したものであり、①経営理念、②行動方針、③社内外の環境分析、④経営基本戦

略、⑤3カ年経営計画、⑥今年度の実行計画などから構成されている。これらは坂上社長が作成し、従業員全員参加の経営指針書発表会で報告していたものであるが、2015年度からは従業員が自分たちで考えて内容をつくるように変わった。経営指針書を作る過程では仕事の分析などを行なうが、そうすると自ずと問題点などにも気付き、得るものも大きいという。

さらに、課長以上の幹部クラスの従業員の有志は「いい人財チーム」という人材育成のチームを自主的に立ち上げ、どうしたらいい人材が育つかを自分たちで考え始めている。このチームは、労働時間や給与などを含む処遇制度についても改善案をとりまとめ、会社に提案した。そのなかには、目標の達成度合いを給与に反映する成果主義の一部導入も含まれている。この処遇制度の提案は坂上社長の承認を得たという。

このように、さかうえでは従業員の主体性と積極性を醸成するやり方が徹底しており、従業員は「自分たちの会社」という意識を強めている。

(5) 経営の大規模化・多角化と経営管理体制づくり

トップダウン体制から組織的な経営管理体制へ

三重県の浅井農園は2008年からトマト栽培を開始したが、売上げは4年目に1億円、6年目に2億円、8年目の2016年には、関連会社うれし野アグリ（株）の分も含めると7億円を超えるまでに拡大した。雇用する従業員の数は16年時点で社員9名、パート約35名、うれし野アグリの方で社員6名、パート約40名（繁忙期で約80名）である。

それまでは浅井雄一郎社長が事業計画の作成から経営管理までトップダウンで進めてきたが、経営体としての規模が大きくなるに伴い、1人で従業員全員を管理することの限界が見えてきた。

そこで、浅井社長は各事業部のマネージャーに任せるべきところは任せる体制に切り替えるとともに、組織的な経営管理体制づくりに着手しはじめた。すなわち、役職を6段階に分けて、それぞれの役職に求められる要件、評価の仕組み、給与水準などを明示し、従業員全員が納得感のもてる透明性の高い体制を構築しようとしている。

重層的な組織からシンプルな組織へ

　経営の大規模化に伴い、トップダウンの体制から組織的な経営管理体制に移行するのは必然であると思われるが、その場合、いわゆるピラミッド型の経営管理組織が相応しいかというと、必ずしもそうとはいえない。

　石川県の六星では、以前は部課長制を敷いていたが、現場では部長も課長もプレイングマネージャーとして一緒に仕事をすることが多く、部課長という役職はあまり意味がなかった。そこで、輕部英俊社長はシンプルな組織とすべく、役員と社員の間にはマネージャー（課長クラス）しか存在しないマネージャー制に変更した。

　マネージャー制によって指示系統が簡素化され、役員と社員の風通しがよくなったという。

　また、六星の場合、生産・加工・販売の３部門があり、各部門間のバランスをとることが非常に重要である。すなわち、製造部門での生産量と、加工部門の加工能力と、営業販売部門の販売力の連携がとれないと、どこかで経営上のひずみが生じる。そして、各部門の組織が重層化すると縦割り組織の弊害がより顕著に出て、部門間のバランスをとることが困難になる。

　その点、組織の簡素化は縦割り組織の弊害を克服する効果もあったという。

（6）情報共有とコミュニケーション

ミーティングが培うチーム力

　いかなる組織であれ、組織というカタチだけをつくっても機能しない。組織が機能するためには組織メンバー間での情報共有とコミュニケーションが必須である。

　石川県の六星ではチームごとに毎日、朝礼、昼礼、終礼を行なっている[4]。例えば、昼礼は５分程度の短時間で午前中の作業の進捗を確認し、作業の遅れているところには応援のためにスタッフを追加するなどして全体の進捗状況を調整する。

　長野県のベジアーツはさらに徹底しており、例えば結球レタスグループは仕事前の朝礼、午前中の仕事を終えて帰ってきたときの昼礼、午後の仕事前の昼礼、１日の仕事を終えての終礼と毎日４回ほど、立ったまま皆で輪になって作

業予定、進捗状況、問題点等について確認し合っている。

さらに、週1回、グループリーダー・ミーティングを開き、作付計画に対する進捗状況を確認している。

月ベースでは、月に1、2回ほど社員全員が集まる社員ミーティングを開き、進捗状況の確認、課題の提起と改善策の検討などを話し合っている。

そして、毎年12月には社員全員参加の経営計画会議を丸1日かけて開催し、来期の目標、人材の配置、採用、経営上の重要課題などについて話し合う。この会議の狙いは経営理念、将来ビジョン、経営基本戦略など根本的な事柄について確認し合うことに重きをおいている。それを受けて、各グループごとに来期の目標を立て、さらに、スタッフ一人ひとりの個人の目標も立てて全員の前で発表する。経営計画会議は来期に向けて「こういうことをやりたいのだ」ということを全員で共有する場であるという。

このようにベジアーツはミーティングにかなりの時間を割いてPDCAサイクルを回しており、それはベジアーツの強いチーム力を培う源泉であるといえる。

日報とSNSの活用

ベジアーツでミーティングとともに重要な役割を果たしているのが日報とSNSシステムである。社員は毎日、日報を書く。作業の進捗状況、日々の感想、気がついた課題、改善のための提案などを定型の用紙（B5版1枚）に記入する。日報はPDF化され、スマホを活用した社内情報システム（市販のSNS有料サービス）で社員全員に共有される。

日報に書かれたトラブルや改善案などは翌日の朝礼時に確認し、すぐに対応できることは即対策を講じる。対応に時間を要するものは月次の社員ミーティングの議題になり皆で検討する。

山本社長は日報に目を通し、赤ペンで感想やコメントを記して社員に返しており、社長と社員のコミュニケーションとしても活かされている。

作業工程の「見える化」と情報共有

鹿児島県のさかうえでは、情報共有を支える基礎となる作業工程の見える化を行なっている。現在、さかうえが経営する150haの農地は300圃場に分散

しており、栽培4品目(ケール、ジャガイモ、キャベツ、サツマイモ)が5期に分けて作付けされている。さかうえではこれらの栽培の作業工程を118に分解しており、実際の作業は人員×圃場×作物×工程の組合わせで実施される。

このような工程管理の仕組みをシステムとして統合し、2006年に農業工程支援システムを完成した。こうして、作業工程が見える化され、情報の共有化が図られている。

例えば、1日の作業終了後に現場の作業員から作物担当および農場長に作業終了後の圃場の状況を示す写真がメールで送られてくる。この写真の送付も農業工程支援システムのなかに組み込まれており、作物担当はその日のうちに写真をチェックし、もし写真を見て何か違和感があれば翌朝の定例ミーティングで話し合う。

こうしたシステマティックな情報共有によりスタッフ間のコミュニケーションと作業の円滑化が図られている。

(7) 労働環境の整備・労働条件の改善

社会保障・労働条件で手を抜くことは経営上のリスクとなる

ところで、面談した先進的農業法人の経営者はほとんど例外なくES(employee satisfaction 従業員満足度)を重視している。ベジアーツの山本社長に「どのような法人にしていきたいか」と聞いたところ、地域の農家や顧客から信頼を得られる法人であるとともに、社員にとっていい会社にしたいと語っている。

具体的には、社会保障・労働条件については社会保険労務士に入ってもらい、落ち度がないように運営している。労働時間は農繁期(5月～10月)は午前5時から午後5時までで、その間に休憩時間を3時間とる。農閑期(11月～4月)は午前8時から午後5時までで休憩は1時間半である。残業代も正確につけている。

休日は、農繁期は毎週土曜日が休み、農閑期は毎週土・日が休みで、雨天の日も休みになる。年末年始の休暇もある。

健康保険、労災保険、雇用保険、厚生年金保険は加入している。通勤手当て、家族手当てがあり、ボーナスも出る。退職金制度もある。従業員のモチ

ベーションを上げるために、社長の裁量で毎年わずかでも昇給するように努めている。

　山本社長は「社会保障関係は最初から手を抜かずに整備しておかないとどんどん後回しになる。だから、最初からきちんとした態勢をつくるように努めた」と語っている。今の若者はインターネットを通じて他の農業法人や他業態の情報もつかめるので、社会保障、労働条件、処遇面で手を抜くことは経営上のリスクになるという。

子供授かり休暇

　イオンアグリ創造の福永社長は「企業として農業を営む場合は、労働時間の基準、休日の基準などは一般企業並みにしなければならない」と語っている。実際、イオンアグリ創造はイオングループ内の他社と同じ労働条件のもと、一部を農業労働の実態に合わせて労働環境を整えている。(5)一例をあげれば、「子供授かり休暇」という制度がある。イオングループでは出産前・出産後の産休制度や育児休暇制度はあるが、イオンアグリ創造にはそれに加えて、子どもを授かった段階で休暇がとれる制度をつくった。これは過重な労働により妊婦である従業員が流産するリスクを防ぐために設けたものである。

事故防止活動

　また、事故防止に配慮した活動を行なっている農業法人も少なくない。石川県の六星では、交通事故や農作業事故を防止するために「KY活動」を行なっている。「K」は危険のKであり、「Y」は予知のYである。朝礼や終礼のときに、"ハッとしたこと" "ヒヤリとしたこと" など「ヒヤリハット事象」を報告し合い、どうすれば事故を防げるかについて具体策を話し合っている。

　ベジアーツでは、農作業で腰痛にならないように、本職のスポーツトレーナーに来てもらい、腰に負担がかからない作業の仕方などを現場で教授してもらっている。また、夏は熱中症予防のために、塩飴と水と首に巻く保冷剤を会社で用意し、クーラーボックスとともに従業員全員に支給している。

(8)"人材"を育てる研修

仕事を任せられる人材を育てる教育研修制度

イオンアグリ創造の福永社長は「労働環境の整備は基本的に充たすべき必要条件であるが、そのうえで目指していることは未来の農業を担う人材の育成である」と語っている。そして、そのためには従業員が成長できる環境をつくることは会社としての使命であるといい、教育研修制度の充実を図っている。

福永社長は「我々はワーカーをつくろうとしているわけではない。"人材"を育てたいのです」と言い、福永社長自らが先頭に立って、入社年次ごとの研修、若手人材育成セミナー、農場長セミナー、経営者育成セミナーなどを社内で開催している。

イオンアグリ創造では、各農場の運営は農場長に任されており、そういう意味でも、仕事を任せられる人材を育てる必要があるという。

全員参加の視察研修

長野県のベジアーツでは視察研修に力を入れている。毎年、農業研修と企業研修をそれぞれ1回ずつ行なっており、2015年には農閑期を利用して3地域・9つの農業法人を視察した。企業研修は株式会社モスフードサービスに行きチームマネジメントについて勉強した。

研修は正社員と季節雇用スタッフ、パートスタッフが分け隔てなく参加できるようになっており、そうすることで、全員が同じような意識で働くことができるし、季節雇用スタッフやパートスタッフのリピート率も高いという。

社会人として成長できる機会

鹿児島県のさかうえは従業員が仕事を通して成長していけるような組織風土づくりを目指している。一例をあげると、さかうえでは地域の中小企業同友会の会合に社員を積極的に参加させている。他の会社の経営者と話をすることで、他社と比較することができ、多くのことを学べるという。さかうえで農場長を務める世良田氏は「"社会人"として勉強する機会は貴重。これからの農業界は他業態と同様に人にもっと投資すべきだし、それは愛社精神を育むことにも繋がる」と語っている。

また、宮城県伊豆沼農産の伊藤秀雄社長は、とくにマネージャークラスの社員の人材教育には他業態の人びとと交流する機会が重要だと考えており、中小企業大学校に通わせたり、各種講習会への参加を積極的に推奨している。

（9）従業員一人ひとりと向き合い経営判断のできる人材を育てる

従業員一人ひとりと向き合う

　面談した先進的農業法人の経営者はおしなべて従業員と相対するコミュニケーションを大事にしている。

　鹿児島県さかうえの坂上社長はかつて毎週1回、正社員全員を集めて「さかうえ大学」を開いていた。宮城県伊豆沼農産の伊藤社長も毎月1回、パートを含む全従業員と1対1の面談を行なっている。両社長ともその後従業員の数が増え、また社長としての仕事が多忙になるなかでかつてのように実行することが難しくなってきたが、直接、従業員と意思疎通を図ることの重要性は今も認識していると言う。

　長野県ベジアーツの山本社長も「人材育成で大事にしていることは一人ひとりとしっかり向き合うことです」と語っている。山本氏は毎月、パートを含む全従業員と個人面談を行なっている。話の内容は仕事のことに限らず、家庭の話とか、困っていることなど多様であるが、面談を通して従業員が何か問題を抱えていないかを確認している。

　面談の内容は自分の面談ノートに記録しておき、折にふれて、「あの話はその後どうなりましたか」などと従業員に声をかけることで両者の意思疎通が深くなると言う。

経営判断のできる人材を育てる

　石川県六星の軽部社長も個人面談をよく行なっている。面談をふまえ、チームとしての業務上の目標とは別に、一人ひとりの成長を後押しするような"個人目標"を設定している。

　軽部社長は、人の成長に合わせて仕事を割り振ることに留意しており、とくにマネージャークラスの者にはその人の成長具合を判断して役割を与えること

が肝要だという。実際、マネージャーを務める西濱氏に六星の強みは何かと聞いたところ、「人です。優秀な先輩、同輩、後輩がそろっている。要所要所にいい人材が配置されている。マネージャーをしていて皆にものすごく助けられている」と語っている。

軽部社長は、マネージャークラスの社員について、もっと視野を広げて、経営判断も適切にできる人材に育ってほしいと考えている。そうなれば、"チーム農業"が円滑に機能し、たとえ経営者が変わっても経営はゆるぎないものになる。それが理想であるという。小集団活動を導入した背景には、その活動を通じてマネジメントの訓練を積んでほしいという狙いもある。

さらに、軽部社長は「これからの農業は、作物をつくる能力だけではなく、変化の激しい環境や農業政策への対応力、顧客のニーズを捉えた経営判断などが必要となる。そのためには、人間としてスキルアップし、課題があればそれを克服していける人材を育てたい」と語っている。

先進的農業法人の調査から明らかになったことは、従業員の雇用定着は目的ではなく結果であるということである。経営者の方々は確固とした経営理念を掲げ、ESを重視し、熱意と戦略をもって人材育成に積極的に取り組んでいる。雇用定着のノウハウも参考にはなるが、より大事なことは先進的農業法人の経営の随所に垣間見られるマネジメントの要諦をきちんと見据えることであるといえよう。

注
1 小集団活動とは、効率化、品質改善、安全性向上などのために、少人数のグループをつくり、そのグループ単位で改善活動を行なうもの。従業員の経営参加の方法の一つであり、提案の活性化、自己啓発・相互啓発、職場の活性化などを狙っている。
2 豊作計画とは、トヨタ自動車が米生産農業法人向けに開発した農業IT管理手法。自動車産業で培った生産管理手法や工程改善ノウハウを農業分野に応用し、農業の生産性向上を図ることを狙っている。
3 うれし野アグリ(株)は2014年に地元の辻製油(株)、浅井農園、三井物産3社が合弁で設立した先進的施設園芸モデル事業。2015年には農業資材メーカーのイノチオアグリも株主に加わった。
4 農繁期は朝5時から直接農作業に入るため、朝礼を開いていない。そのために前

日の終礼の時に翌日の作業工程の確認などを行なっている。
5　イオンアグリ創造は2018年からさらなる働き方改革に着手している。たとえば、雨天が続いて農作業ができない日が続く週には休日を多く設定し、翌週以降に就業時間を振り分けられるようにするなど、天候など自然環境に応じて週や月をまたいで就業時間を管理できる制度を導入した。また、繁忙期の時間外労働や休日出勤を大幅に削減し、社員1人当たりの年間労働時間を従来の約2200時間から2018年度は1920時間程度に抑えようとしている。

参考文献

［1］戦後日本の食料・農業・農村編集委員会『大規模営農の形成史』2015年、農林統計協会
［2］軽部英俊「加工、販売へ広がる成功のビジネスモデル」『AFCフォーラム』2014年1月号、日本政策金融公庫
［3］福永庸明「企業の農業参入・経営実践の現場報告」『AFCフォーラム』2014年6月号、日本政策金融公庫

あとがき

　本書の企画の出発点は、2017年度に就農事例の報告書を作成したメンバーが、報告書だけでなく、学術的にも、そして実践的にもより意義のあるものを、書籍として世に送り出したいと話し合ったことにある。実際に執筆するにあたっては、2つのことが目指された。1つは、新規独立就農について、インターネット上のサイトや雑誌記事などで多くの情報があふれている中で、統計調査と各地の事例を組み合わせて、総合的な評価を行ない、一定の整理をすることである。成功者による体験本や就農アドバイスの本・雑誌では、様々な成功策、必勝法が語られる一方で、失敗談や地域の対応への不満もSNSなどで氾濫している。就農希望者や就農の受け入れ・支援関係者がこれらの情報の一部だけに触れて、大きな影響を受けすぎないよう、基本となる視点を伝えたかったのである。

　2つ目は、新規独立就農については、上記の課題があるとはいえ情報を集めることは容易だが、親元就農や雇用就農については、それほど多くの情報が発信されていないため、新規独立就農、親元就農、雇用就農の3つを含め、就農を総合的に捉えることである。

　これらの目的を達成するために、上記事例集の作成メンバーに加え、農業経営継承事業（2008年度に創設、現在は農の雇用事業の一部として実施）のアドバイザーや、教育現場で雇用就農を実際に支援している方にも参加を呼びかけた。その結果、各分野の第一人者である方々に集まっていただくことができた。

　就農事例集や農業経営継承事業は、農林水産省の支援を受けて、（一社）全国農業会議所が行なってきたものである。そのため本書は、農林水産省経営局の担当の方々や、（一社）全国農業会議所の力添えを得ている。とくに、（一社）全国農業会議所については、私自身が勤務し、就農支援を担当していた経緯がある。今回、そこで得られた経験や人・地域とのつながりが書籍という形になり、大変うれしく思っている。（一社）全国農業会議所には、感謝を申し上げる言葉もない。なお、本書の契機となった就農事例集は、全国新規就農相談センターのホームページで閲覧できる（（一社）全国農業会議所『新規就農支援事例集―平成29年度 新規就農支援事例調査』2018年3月）。

また私は、2013年から東京農業大学国際食料情報学部食料環境経済学科に勤務している。本学科は、以前のようにとはいかないが、毎年数名は地方の農家後継者が入学し、他の学生たちに大きな刺激になっている。また、農家とは関係のない首都圏出身の学生の中にも、新規就農に関心をもつ者は少なくない。そして、各地の農業法人、自治体、JAの方々とお話しすると、「ぜひ、うち（法人・地域）に来てほしい」と農大生への強い期待を語っていただくことが多い。これらの就農への関心と期待に応えることは、本学を含め、教育機関の大きな使命と感じている。

　一方で、本書で考察されたとおり、就農は安易なものではなく、当事者にいろいろな苦労をかけるものである。本書は、就農を希望する者に対して多様な選択肢を提示し、それぞれの利点や課題を浮かび上がらせている。多くの教育機関における進路・就農相談にも活かしていただけるとありがたい。

　さて、農業次世代人材投資資金は、2017年度から市町村段階に経営・技術、資金、農地のそれぞれに対応するサポート体制を整備するとした。しかし、市町村職員は農業も会社経営（起業）も専門とはしていない場合が多く、直接に就農者に役立つ助言をすることは難しい。そのため、実際には他の関係機関の担当者をサポート役につけることが多いが、それらの人たちは、個別案件の相談に乗ることはできても、随時、就農者の経営状況を把握して、適切な時期に必要な助言をする体制を築くことは容易ではない。また、雇用就農については、短期間に離職する者が少なくないが、有効な対策は、試行錯誤を続けていかざるを得ない状況にある。このような中で、各地で就農・定着支援を行なう関係機関の方々にも、ぜひ本書を活用していただきたい。

　農業という産業が、職業としてその産業を目指した者が、充実して勤労を続けていけるような産業であってほしい、と願っている。一方で、必ずしも定着率が高ければよいとも思えない。事前の情報収集不足によるミスマッチは極力少ない方がよいが、産業の発展には試行錯誤も大切であるし、実際にやってみて、当初の想定と違ったために他の道を探ることは、悪いことではない。本書でも随所で述べられたように、農業が、新しい発想を持つ人が集まる、面白い産業でもあることを頼もしく思っている。

　本書は、研究書であるとともに、関係する方々が読むことで、実際に役立つことが目指された。そのため、農業・農村分野において、研究書と実践書の双

方で大きな実績と信頼のある出版社、(一社) 農山漁村文化協会に出版を引き受けていただけたことを、大変うれしく思う。本書の企画・編集から刊行に当たっては、同会編集局の金成政博さんに大変お世話になった。不慣れな編集作業で迷惑をかけてしまったが、厚く感謝申し上げたい。

2019年4月

堀部　篤

編著者および著者と執筆分担　(所属、肩書きは 2019 年 3 月末現在)

●編著者

堀口健治（ほりぐち けんじ）まえがき、第 1 章 1、第 2 章 1、第 3 章 2

早稲田大学政経学術院名誉教授・日本農業経営大学校校長。農学博士（東大）。1968 年 4 月、東京大学大学院農業経済専攻博士課程中退、その後、鹿児島大学専任講師、東京農業大学教授、早稲田大学政治経済学術院教授などを経て現職。

〈主な著書〉

『食料輸入大国への警鐘』（共著）1993 年、農山漁村文化協会。NIRA 政策研究東畑記念賞受賞

『再生可能資源と役立つ市場取引』（共編著）2014 年、御茶の水書房

『大規模営農の形成史』（共編著）2015 年、農林統計協会

『日本の労働市場開放の現況と課題』（共編著）2017 年、筑波書房

堀部篤（ほりべ あつし）第 1 章 2、第 3 章 3、第 4 章 1、あとがき

東京農業大学国際食料情報学部食料環境経済学科 准教授。博士（農学）。

2007 年 3 月、北海道大学大学院農学研究科博士後期課程修了。

2007 年 6 月から 2013 年 3 月まで全国農業会議所在籍時、全国新規就農相談センターにて就農相談、新・農業人フェア、農業経営継承事業、農の雇用事業を担当。

〈主な編著書・報告書〉

（財）農政調査委員会『「地方分権改革」と農業補助金』（『日本の農業』）247、2013 年 3 月。農業問題研究学会奨励賞受賞

全国農業会議所による以下の新規就農に関する調査報告書を作成。

『雇用就農者の就業環境等による定着要因に関する調査結果』2015 年 3 月

『新規就農者の就農実態に関する調査結果』2017 年 3 月

●著者

梅本雅（うめもと まさき）第 2 章 2

国立研究開発法人農業・食品産業技術総合研究機構 中央農業研究センター 所長。

〈主な編著書〉

『大規模営農の形成史（戦後日本の食料・農業・農村）』（堀口健治と共編著）2015 年、農林統計協会

『大豆生産振興の課題と方向』（島田信二と共編著）2013 年、農林統計出版

『青果物購買行動の特徴と店頭マーケティング』（編著）2009 年、農林統計出版

『転換期における水田農業の展開と経営対応』2008 年、農林統計協会

和泉真理（いずみ まり）第 3 章 1

（一社）日本協同組合連携機構客員研究員。

〈主な著書〉

『農業の新人革命』（共著）2013 年、農山漁村文化協会

『英国の農業環境政策と生物多様性』（共著）2013 年、筑波書房

『産地で取り組む新規就農支援』2018 年、筑波書房

『ブレグジットと英国農政　農業の多面的機能への支援』2019 年、筑波書房

山本淳子（やまもと じゅんこ）第 3 章 4
　国立研究開発法人農業・食品産業技術総合研究機構 食農ビジネス推進センター 食農ビジネス研究チーム 上級研究員。
　〈主な著書・論文〉
　『現代の食料・農業・農村を考える』（共著）2018 年、ミネルヴァ書房
　「第三者継承における経営資源獲得の特徴と参入費用」『農業経営研究』50（3）、2012 年
　『農業経営の継承と管理』2011 年、農林統計出版

緩鹿泰子（ゆるか やすこ）第 3 章 4
　国立研究開発法人農業・食品産業技術総合研究機構 中央農業研究センター 農業経営研究領域 組織管理グループ 任期付職員。
　〈主な論文〉
　「全国展開を図る小売業の農業参入―ローソンの経営戦略とローソンファームの展開」『フードシステム研究』21（2）、2014 年
　「大手食品小売業における農業参入の展開方向」『農業経済研究』87（3）、2015 年
　「ワイン原料ブドウ産地の維持に関わる行政の役割―長野県塩尻市におけるワイナリーの農業参入を事例として」『農業経済研究』89（3）、2017 年

澤田守（さわだ まもる）第 4 章 2
　国立研究開発法人農業・食品産業技術総合研究機構 中央農業研究センター 農業経営研究領域 組織管理グループ グループ長。
　〈主な著書〉
　『就農ルート多様化の展開論理』2003 年、農林統計協会
　『日本農業の構造変動―2010 年農業センサス分析』（共著）2013 年、農林統計協会
　『2015 年農林業センサス総合分析報告書』（共著）2017 年、農林統計協会
　『家族農業経営の変容と展望』（共著）2018 年、農林統計出版

澤野久美（さわの くみ）第 4 章 2
　国立研究開発法人農業・食品産業技術総合研究機構 中央農業研究センター 農業経営研究領域 組織管理グループ 研究員。
　〈主な著書・論文〉
　『社会的企業をめざす農村女性たち―地域の担い手としての農村女性起業』2013 年、筑波書房
　「雇用型農業法人における人材育成の実態と課題―経営幹部育成に向けた取り組みに着目して」『農業経営研究』56（2）、2018 年
　「農業法人における従業員の動機付け方策の特徴と課題―若年層女性従業員への取り組みに着目して」『農村生活研究』61（1）、2018 年

鈴木利徳（すずき としのり）第 4 章 3
　（一社）アグリフューチャージャパン 参与
　〈主な著書〉
　『有機農業への道～健やかな土、健やかな民～』（荷見武敬と共著）1977 年、楽遊書房
　『地域社会づくりと生活活動』1982 年、日本経済評論社
　日本型農業構築研究会編『食と農を問い直す』（共著）1984 年、農林統計協会
　『動きはじめた「農企業」』（共著）2013 年、昭和堂

就農への道

多様な選択と定着への支援

2019年5月25日　第1刷発行

編著者　堀口　健治
　　　　堀部　篤

発行所　一般社団法人　農山漁村文化協会
　　　　〒107-8668　東京都港区赤坂7丁目6-1
　　　　電話　03（3585）1142（営業）　03（3585）1144（編集）
　　　　FAX　03（3585）3668　　振替　00120-3-144478
　　　　URL　http://www.ruralnet.or.jp/

ISBN 978-4-540-18170-2　　DTP／ふきの編集事務所
〈検印廃止〉　　　　　　　印刷／（株）光陽メディア
ⓒ堀口健治・堀部篤 2019　製本／根本製本（株）
Printed in Japan　　　　　定価はカバーに表示
乱丁・落丁本はお取り替えいたします。

本物の「地方創生」ここにあり！
時代はじっくりゆっくり「都市農山村共生社会」に向かっている

シリーズ 田園回帰 全8巻

- A5判並製
- 各巻2,200円+税
- 平均224頁
- セット価17,600円+税

①田園回帰1％戦略
地元に人と仕事を取り戻す

藤山浩 著

自治体消滅の危機が叫ばれているが、毎年人口の1％分定住者を増やせば地域は安定的に持続できる。人口取戻しビジョンに対応した所得の取戻し戦略と新たな循環型の社会システムを提案。

②総力取材
人口減少に立ち向かう市町村

『季刊地域』編集部 編

I・Uターンを多く迎え入れている地域、地元出身者との連携を強めている地域など、全国の田園回帰のフロンティア市町村を取材。自治体の政策と地域住民の動きの両面から掘り下げる。

③田園回帰の過去・現在・未来
移住者と創る新しい農山村

小田切徳美・筒井一伸 編著

農山村への移住のさまざまなハードル──仕事、家、地域とのお付き合いを先発地域はどのように乗り越えたのか。また、現在の「地域おこし協力隊」の若者は、どう対応しているのか。

④交響する都市と農山村
対流型社会が生まれる

沼尾波子 編著

都市と農山村の暮らしのいまをとらえ、それぞれの課題を浮き彫りにするとともに、これからの時代を切り拓く新たな都市・農山村の交響する関係にふれながら、田園回帰の意義について考察する。

⑤ローカルに生きる　ソーシャルに働く
新しい仕事を創る若者たち

松永桂子・尾野寛明 編著

地域をベースに活動するソーシャル志向の高い若い世代のライフスタイルと実践から、新たな共助の意識が地域に根づきつつあることを示す。

⑥新規就農・就林への道
担い手が育つノウハウと支援

『季刊地域』編集部 編

第三者継承、集落営農や法人への雇用など、多様化する新規就農・就林の形。農林業とともに地域の担い手となる人材を育てるポイントを、里親体験などから明らかにする。

⑦地域文化が若者を育てる
民俗・芸能・食文化のまちづくり

佐藤一子 著

遠野の昔話、飯田の人形劇、庄内の食…それぞれの地域文化の継承と創造の過程で子供や若者がどう育ちあっているかを描きだし、田園回帰への示唆を汲みとる。

⑧世界の田園回帰
11ヵ国の動向と日本の展望

大森彌・小田切徳美・藤山浩 編著

フランス、ドイツ、イタリア、英国、韓国など、世界に広がる脱都市化の動き。その実態をふまえ、日本と比較しながら、田園回帰と都市と農村の新しい関係のあり方を展望する。